失敗しないシステム企画

「経営コンサルタントの視点」でビジネスを捉える

隈 正雄［著］
Masao Kuma

技術評論社

書籍サポートサイト

本書の内容に関する補足、訂正などの情報については、下記の書籍Webサイトに掲載いたします。

https://gihyo.jp/book/2024/978-4-297-14492-0

■ご注意：ご購入前にお読みください

- 本書に記載された内容は、情報の提供のみを目的としています。したがって、本書を用いた開発、制作、運用は、必ずお客様自身の責任と判断によって行ってください。これらの情報による開発、制作、運用の結果について、技術評論社および著者はいかなる責任も負いません。
- 本書記載の情報は2024年8月現在のものを掲載しております。インターネットのURLなどは、ご利用時には変更されている場合もあります。
- ソフトウェアに関する記述は、とくに断りのないかぎり、2024年8月時点での最新バージョンをもとにしています。ソフトウェアはバージョンアップされる場合があり、本書での説明とは機能内容などが異なってしまうこともあり得ます。

以上の注意事項をご承諾いただいたうえで、本書をご利用願います。これらの注意事項をお読みいただかずにお問い合わせいただいても、技術評論社および著者は対処しかねます。あらかじめご承知おきください。

はじめに

本書はあなたの役に立つか

最初に、本書があなたの役に立つかどうか確認するため、いくつかの質問に答えて頂きます。

DXの例でもわかるように、企業情報システムの重要性はますます高まっています。しかし、企業情報システム開発の成功率は高くありません。失敗の要因は、上流工程であるシステム企画にあることが多いのです。そこで最初の質問です。

質問1：「あなたはシステムの企画などに関心がありますか？」

Noだった人には残念ながら本書はあまり役に立ちません。Yesだった人は次の質問へ進んでください。

システムエンジニアはデジタル技術、システム開発には習熟しています。しかし、企業情報システムの企画を行うにはビジネス知識も必要です。それにも関わらず、システムエンジニアの教育は主にデジタル技術に置かれているのです。そこで次の質問です。

質問2：「あなたが企業情報システムを企画する場合に、ビジネス知識面で不安がありますか？」

Noだった人には残念ながら本書はあまり役に立ちません。Yesだった人は次の質問へ進んでください。

システムエンジニアも企業のシステム設計技法などを学んでいます。しかしながら、システム設計技法は、特定の業務や業種に限定されず普遍的に活用できるように作られており、具体的なビジネス知識はあまり含まれていません。

さらに、多くのシステム設計技法では、ビジネスへのアプローチとして「ユーザーニーズに基づいて分析する」方法をとっています。つまり、ユーザーとシステム化について意思の疎通を十分に行えば、適切なユーザーニーズが引き出せるという性善説に立った技法なのです。そこで次の質問です。

質問3：「あなたはユーザーニーズに基づいたアプローチだけではうまくいかないケースがあると思いますか？」

Noだった人には残念ながら本書はあまり役に立ちません。Yesだった人や、こうしたケースがあることを知って、きちんと学びたいと感じた人は次の質問へ進んでください。

現実のユーザーニーズには、誤解や部分最適、システム改革への抵抗などが含まれていることもあります。さらに、従業員の中には次のような考えを持つ人もいるのです。

「慣れ親しんだ仕事を変えたくない。しかも、うまくいっているのになぜ変えなければならないのか」
「システム化による新しい業務を身に付けられないかもしれない。もしかすると私の仕事がなくなって、最悪の場合リストラされるかもしれない」
「今までいろいろな改善が行われてきたが、ほとんどの改善がうやむやになった。適当に要領良くふるまっていれば、システムの改革もそのうち消えるだろう」
「私の仕事はほとんど誰もできない。改革で誰でもできるようになったら大変だ。表立って反対はできないが、何としても私の仕事は変えさせない」

そこで次の質問です。

質問4：「あなたはこのようなユーザーがいると思いますか？」

Noだった人には残念ながら本書はあまり役に立ちません。Yesだった人や、こうしたユーザーの存在を知って、対応について学びたいと感じた人は次の質問へ進んでください。最後の質問です。

質問５：「あなたはビジネス知識を充実させたいですか？」

Yesだった方。本書はまさにあなたのために書かれた本です。

本書ではビジネス知識をどのように習得するか

ビジネス知識の習得には２つの課題があります。

①ビジネス知識には膨大な領域があるため、１つ１つ学習していってもきりがない
②経営学はシステムを前提に発展してきたものではないため、経営学を学んでもシステム企画にどのように適用すべきかわからない

膨大な経営学の分野への対応

①の、膨大な経営学の分野に対する本書のアプローチについて解説します。
システム企画においてビジネス知識は重要ですが、経営学のすべてを必要とするのではありません。システムエンジニアは経営のプロではなく、ビジネスシステム構築のプロ、つまり、儲かる仕組みを企画立案するのが仕事です。したがって、経営学の中から「儲かる仕組み」の企画立案に必要な分野を、必要な程度に応じて活用すれば良いことになります。
そこで本書では、経営学の中からシステム企画に重要な影響を及ぼす「業務実態の把握や経営層・従業員の本音を見抜く力」等について、既存のシステム設計技法等とは異なる「経営コンサルタントの視点」で抽出し提供します。

システム企画への経営学の適用

次に②の、システム企画への経営学の適用に関する本書のアプローチについて解説します。

本書では、抽出したビジネス知識をシステム企画フェーズに沿ってすぐに適用できるようアレンジし、7つの視点として提供します（**表1**）。

表1　本書が提供する7つの視点

システム企画のフェーズ	7つの視点
企業全体像の把握フェーズ	【視点1：事業概要のビジネスモデルによる把握】
	【視点2：組織図活用によるヒアリング部門の選定】
業務実態の把握フェーズ	【視点3：業務実態（As-Isモデル）の徹底的な把握】
業務改革のフェーズ	【視点4：ビジネスプロセスの改革（To-Beモデル）】
経営戦略支援のフェーズ	【視点5：経営戦略からビジネスプロセス改善へのブレイクダウン】
経営層へのアプローチフェーズ	【視点6：経営層の本音への対応】
従業員の本音把握フェーズ	【視点7：部門長・従業員の本音への対応】

7つの視点それぞれにおいて、「目的」「資料調査」「ヒアリング」「成果物」「承認」といった項目を整理し、演習も用意しています。すぐにシステム企画に適用できるよう、「何のために」「どのような資料を調査し」「誰から何をヒアリングし」「成果物としてまとめ」「ユーザーの承認を取るべきか」について、経営コンサルタントの視点で具体的にガイドします。

本書を読んでもらいたいのは、次に挙げる皆さんです。

- システム設計に関心のあるすべてのシステムエンジニア
- とくに上流工程やDXに興味があるシステムエンジニア
- ビジネス知識を強化したいシステムエンジニア
- 既存のシステム設計技法では対応できない課題を抱えているシステムエンジニア
- コンサルティング会社でDXやデジタル化に関心のあるコンサルタント
- 自社でデジタル化や業務改革に取り組んでいる人
- 上流工程に対応できるエンジニアを教育する研修担当者
- システムエンジニア向けの研修会社
- 設計技法に関心がある企業人
- 研究者・経営者

本書では、システム化の現状やシステムエンジニアのニーズ、既存のシステム設計技法等のアプローチを踏まえて、システム企画に必要なビジネス知識を抽出し、すぐにシステム企画に適用できるようにアレンジしました。

本書は、従来のシステム設計技法ではあまり取り上げられない、経営学の視点で記述したものです。したがって、一般的なシステム企画の手法やデジタル技術にはあまり触れておらず、既存の方法論にとって代わるものではありません。システム企画に関しては既存の方法論を使用し、その一部を本書の視点で補い強化してください。

筆者はシステムの上流工程を、12年にわたるコンサルティング経験をもとに、20数年にわたり研究してきました。さまざまなシステム設計技法等が開発されていますが、システムの失敗は後を絶ちません。筆者は、性善説でユーザーニーズに頼り切ったシステム設計技法にはやはり限界があると考えています。本書は研究の集大成として、システム設計技法にビジネス分野からのアプローチを試みたものです。

2024年8月　隈正雄

目次

ご購入前にお読みください……ii
はじめに……iii

第1部 システム企画と経営コンサルタントの視点

第1章
システム企画の役割とその難しさ……2

1.1 システム企画とは何か……2
1.2 システム企画の作成フェーズと本書の構成……4
1.3 システム企画の重要性……7
1.4 システム企画の難しさとその要因……9

第2章
システム企画を成功に導く
「経営コンサルタントの視点」……19

2.1 システム企画に必要なビジネス知識……19
2.2 業務ではなくビジネスプロセスを見る……25
2.3 ビジネスプロセス改善の「ものさし」を持つ……29
2.4 ユーザーニーズを見抜く……33
2.5 システム企画を成功させる経営コンサルタントの視点……40
2.6 本書を読むうえでの注意点……41
Column 歓迎されるシステム化と嫌われるシステム化……43

第2部 システム企画の基本

第3章

事業概要を把握する …… 48

3.1 事業概要の捉え方 …… 48
3.2 ビジネスモデルに基づく経営戦略や経営課題の分析・評価 …… 51
3.3 解決すべき経営課題の対象範囲 …… 53
3.4 解決すべき経営課題の特定とシステム企画目的の明確化 …… 54
3.5 経営戦略や経営課題、
システム化の方向について経営層と認識を合わせる …… 55
Column 資料調査の仕方 …… 56
3.6 視点1：事業概要のビジネスモデルによる把握 …… 59
【目的】 …… 59
【資料調査】 …… 59
【ヒアリングおよび調査・分析】 …… 60
【成果物：ビジネスモデル】 …… 61
【協議・説明・承認】 …… 63
3.7 演習 …… 63

第4章

ヒアリング部門を選定する …… 64

4.1 組織図を活用したヒアリング部門の選定 …… 64
4.2 視点2：組織図活用によるヒアリング対象の選定 …… 66
【目的】 …… 66
【資料調査】 …… 67
【ヒアリング対象者の選定】 …… 68
【成果物：ヒアリング対象部門、対象者の選定】 …… 69
4.3 演習 …… 69
Column 営業部門・工場部門におけるヒアリング部門選定のポイント …… 72

第5章 業務実態を把握し経営課題を抽出する

第5章 業務実態を把握し経営課題を抽出する …… 75

5.1 業務実態を把握する …… 75
5.2 部門別・担当者別ヒアリングシート …… 76
5.3 視点3：業務実態（As-Isモデル）の徹底的な把握 …… 80
【目的】 …… 80
【「部門別・担当者別ヒアリングシート」の準備】 …… 80
【ヒアリングの実施】 …… 81
【ヒアリング結果欄の記入】 …… 84
【ヒアリング結果の分析欄の記入】 …… 84
【最終課題欄の記入】 …… 85
【成果物：現状調査結果】 …… 86
【説明・承認】 …… 86
5.4 演習 …… 86
Column 物流センター・工場見学のポイント …… 87

第6章 業務の改善案を検討しシステム企画書にまとめる …… 93

6.1 システム企画の対象業務範囲とレベルを絞る …… 93
6.2 ビジネスプロセス改善の基本的視点とは …… 95
6.3 業務改善の7つのヒント …… 99
6.4 システム企画書の作成 …… 105
6.5 視点4：ビジネスプロセスの改善（To-Beモデル） …… 106
【目的】 …… 106
【対象業務の絞り込み】 …… 106
【業務機能とその目的との差異の解消】 …… 106
【業務機能の効率化の検討】 …… 106

【実現可能な「To-Be」モデル案の確定】 107
【業務改善マニュアルの概要案作成】 107
【成果物：システム企画書】 107
【説明・承認】 108
6.6 演習 108

第3部 システム企画を深堀りする

第7章
経営戦略支援の機能を深堀りする 110

7.1 経営戦略に対するシステムエンジニアの立ち位置 110
7.2 経営戦略をいかに捉えるか 111
7.3 あいまいな経営戦略の捉え方 114
7.4 経営戦略からビジネスプロセス改善へのブレイクダウン 116
7.5 経営戦略のブレイクダウンの例 119
7.6 視点5：経営戦略からビジネスプロセス改善へのブレイクダウン 121
【目的】 121
【資料】 121
【経営戦略のブレイクダウン】 121
【協議・承認】 122
7.7 演習 122

第8章
経営層と良好なコミュニケーションを行う 126

8.1 システム化の成否を握る経営層 126
8.2 経営層の一般的な思考：何を考えているか 129
8.3 視点6：経営層の本音への対応 138

【目的】 138
【経営層と話す機会を増やす】 140
【経営層から何を探るか】 141
【経営層との話し方】 143
【システム企画提案の表現】 145
【経営層の支援が得られないケース】 146
8.4 演習 147

第9章
ユーザーニーズの実態を見抜く 149

9.1 従業員は感情を持った人間である 149
9.2 組織も感情を持った人間で構成されている 150
9.3 ユーザーニーズの瑕疵 151
9.4 部門長の本音 157
9.5 従業員の本音 159
9.6 視点7：部門長・従業員の本音への対応 164
【目的】 164
【システムの改善への理解を得る】 164
【システム企画プロジェクトへのシンパを増やす】 165
【企業風土に配慮する】 165
【経営層の支援】 167
【決定事項の公式化】 167
【できない機能の承認】 168
9.7 演習 169
Column 業務は1社がわかれば後はほぼ同じ 170

おわりに 175
著者プロフィール 177
索引 178

第1部

システム企画と経営コンサルタントの視点

第1部では、システム開発のフェーズについて解説するとともに、本書で取り扱うシステム企画の範囲について解説します。また、システム企画がうまくいかない理由や、成功に導くために必要となる「経営コンサルタントの視点」についても解説します。

- 第1章 | システム企画の役割とその難しさ
- 第2章 | システム企画を成功に導く「経営コンサルタントの視点」

システム企画の役割とその難しさ

システム開発におけるシステム企画には、システム開発の目的や目標を明確にする、経営課題やユーザーニーズを把握して具体的な要件を定義する、システムの機能や性能、制約などを定義するといった目的があります。システム開発の最上流工程であり、ここに不備があると下流工程にさまざまな問題が生じます。本章では、システム企画の役割を解説するとともに、なぜシステム企画が難しいのか、その理由について解説します。

1.1 システム企画とは何か

システム開発は、大きく**図1.1**の7つのフェーズに分けられるでしょう。

図1.1 システム開発の7つのフェーズ

本書はこの流れの中の「1. システム企画」を扱うものです。**システム企画**とは、次のようなものと言えるでしょう。

- システム開発の目的や目標を明確にする
- 経営課題やユーザーニーズを把握し、具体的な要件を定義する
- システムの機能や性能、制約などを定義する

システム企画をさらに区分すれば、「システム企画」と「要件定義」に分けられます。

システム企画では、システム開発を行うかどうか、そしてどのようなシステムを開発するべきかを検討するものです。具体的には次のような事項となるでしょう。

- 事業課題や経営戦略を分析し、企業概要と経営課題を把握する
- 企業概要や業務実態を踏まえ、システム化の目標や目的を明確にする
- システム化の開発方式やリスク分析を検討する
- 開発スケジュールや予算、成果指標を概算する

もう1つの要件定義は、開発するシステムに必要な機能や性能などを具体的に定義することです。具体的には、次のようなものと言えるでしょう。

- システム化の範囲を確定し、ユーザーニーズを収集・分析のうえ、業務実態（As-Is）を把握する
- 経営課題やユーザーニーズと業務実態を踏まえ、あるべき姿（To-Be）を検討する
- あるべき姿を支援するシステムの機能（機能要求）を定義する
- システムの開発方式やリスク分析を行う
- 開発スケジュールや予算、成果指標を決定する

本書は、システムエンジニアがこれらのシステム企画を行う際に、ビジネス

知識面をサポートするものです。したがって、既存のシステム設計技法で扱っている部分にはあまり触れません。本書は既存のシステム設計技法を補完するものであり、システム企画のうち、ビジネスに関連する部分を中心に扱います。

具体的には下記分野を主対象としています。

- 事業課題や経営戦略を分析し、企業概要と経営課題を把握する
- 企業概要や業務実態を踏まえ、システム化の目標や目的を明確にする
- システム化の範囲を確定し、ユーザーニーズを収集・分析のうえ、業務実態（As-Is）を把握する
- 経営課題やユーザーニーズと業務実態を踏まえ、あるべき姿（To-Be）を検討する
- あるべき姿を支援するシステムの機能（機能要求）を定義する

皆さんが普段使用している既存のシステム設計技法にとって代わるものではありません。併用することを前提としています。そのため、既存の手法と重複する下記は省略します。

- システム化の開発方式やリスク分析を検討する
- 開発スケジュールや予算、成果指標を概算する
- システムの開発方式やリスク分析を行う
- 開発スケジュールや予算、成果指標を決定する

1.2 システム企画の作成フェーズと本書の構成

ここで、システム企画の一般的なフェーズ（**図1.2**）と本書の関連を見てみましょう。

図1.2　システム企画の5つのフェーズ

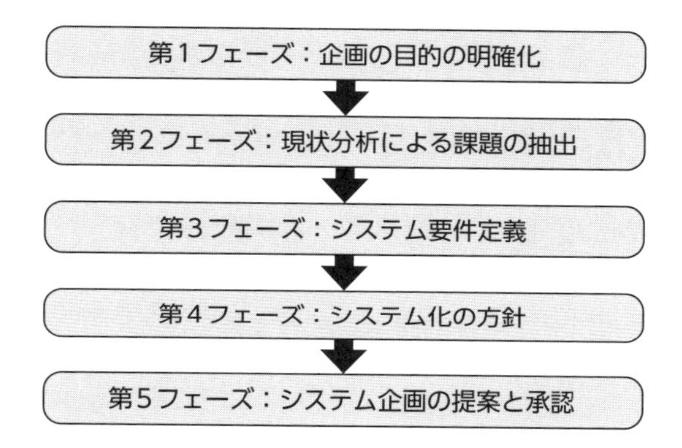

第1フェーズ：企画の目的の明確化

第1フェーズは次のようなものです。

- ビジネスモデルを用いて対象企業の全体像を把握し、「顧客は誰か・顧客にどのような価値を提供するか・どのようにしてその価値を提供するか・なぜそれが利益になるか」を捉える
- それを元に、企業の経営戦略や提示される経営課題を分析・評価する
- それらを元に、真に解決すべき経営課題を特定し、その課題を解決すべくシステム企画の目的を明確にする
- 全社または事業部レベルの経営課題やその解決のためのシステム化の方向について経営層と認識を合わせる

　⇒第３章で解説します。

第2フェーズ：現状分析による課題の抽出

第1フェーズでは全社または事業部レベルの経営課題を認識しました。第2フェーズでは、第1フェーズで認識した内容を確認するとともに、現場レベルの業務やシステム機能の課題も抽出します。

- 対象業務と対象システムの範囲を選定する
  ⇒本項目のみ第４章で解説します。

- ヒアリングや資料調査により、従業員、経営層、管理者などのニーズを調査する
- 対象業務プロセス、データの流れなども把握する
- これらにより、対象となる事業や業務の現状を分析する
- 現状分析に基づいて、業務課題や問題点を洗い出す
  ⇒第５章で解説します。

- システム企画に必要となる最新技術を調査・検討する
  ⇒本項は情報技術関連のため、本書では省略します

第3フェーズ：システム要件定義

第３フェーズは次のようなものです。

- 経営課題やユーザーニーズと業務実態を踏まえ、あるべき姿（To-Be）を検討する
- 対象業務のあるべき姿と現行システム機能の差異を抽出し、システムの機能（機能要件）を定義する
  ⇒第６章で解説します。

- 非機能要件（性能、セキュリティ、運用性など）も定義する
  ⇒本項は情報技術関連のため、本書では省略します。

第4フェーズ：システム化の方針

第４フェーズは次のようなものです。

- システム開発の方式、開発スケジュール、予算、運用体制などを定める
- 費用対効果分析やリスク分析、さらに成果指標も検討する

⇒本項は情報技術関連のため、本書では省略します。

第5フェーズ：システム企画の提案と承認

第5フェーズは次のようなものです。

- ここまで検討した内容をまとめ、システム企画書を作成する
- システム企画書を、経営層や関係者に提案し、承認を得る

⇒第6章で解説します。

本書では、経営コンサルタントがとくに注意する点について、さらに深堀りして解説します。「第1フェーズ：企画の目的の明確化」では、経営戦略が重要な位置を占めます。第7章で、経営戦略の把握の仕方や、戦略を具体的なシステムの機能にブレイクダウンする方法について深堀りします。

また、システム企画の全般に関わることですが、ヒューマンスキルの視点を重視します。ここが既存のシステム設計技法と大きく異なる視点です。第8章では経営層の本音を踏まえた経営層とのコミュニケーションの取り方、第9章では従業員の本音の見分け方を踏まえたユーザーニーズの取捨選択の仕方などについて掘り下げて解説します。

1.3 システム企画の重要性

皆さんもご存知とは思いますが、システム企画はシステム開発の最上流工程であり、システム開発プロジェクト全体に大きな影響を与える工程です。システム企画に不備があると、次のように下流工程にさまざまな問題が生じ、システム開発プロジェクトの失敗に繋がることもあります。

1.3.1 要件や仕様の不備

システム企画の要件や仕様の不備が、後工程に進んだ段階で発見されると、基本設計、詳細設計、開発等の工程での修正・やり直しが発生します。不備の大きさや、発見が後工程になればなるほど、修正は膨大な量になります。

1.3.2 納期遅延と予算オーバー

前述の問題が発生すると、システム開発全体の納期が遅れ、予算オーバーになりがちです。納期遅延や予算オーバーは、顧客の不満を買い、場合によっては訴訟に発展する可能性もあります。

1.3.3 品質問題の発生

システム企画で経営課題やユーザーニーズを十分に踏まえていないと、次のように顧客満足が得られないことも生じます。

- 経営層から：システム化しても売上は増えず、経費も下がらず、会社が何も変わらないと不評
- 従業員から：操作方法が複雑で使いづらい、必要な機能がないなどのクレームがあり、システムがあまり使われない

1.3.4 下流工程のシステムエンジニアのモチベーション低下

システム企画の不備により仕様等が頻繁に変更されると、下流工程のシステムエンジニアのモチベーションに悪影響をもたらします。指示通りに開発したものを、システム企画の不備によりやり直しをさせられることは、大きな不満を呼びます。つまり、「システム企画の失敗を押しけられた」と感じるでしょう。さらに、納期やコストも限られていることから、過重な作業を強制されるのです。

このように、システム企画はシステム開発の成否を左右する重要な工程です。

1.4　システム企画の難しさとその要因

システム企画の難しさを、主にビジネスの観点から挙げてみます。さらに、その要因も考察します。

1.4.1　企業活動全体の把握の難しさ

企業活動は複雑です。企業規模が大きくなるとさらに複雑さも増します。また、顧客の企業活動は業種・業態によっても異なります。その企業活動を構成している業務も多様です。したがって、企業活動全体を把握することは非常に難しいと言えるでしょう。

一方で、「全社的なシステムの企画でなければ、対象業務をよく理解すれば十分ではないか」という考えも成り立ちます。現に、企業活動全体を把握せずに、対象業務を丁寧に調査し、システムの企画を行うことは珍しくありません。

では、なぜ、企業活動全体を把握しなくてはならないのでしょうか。

企業活動は分業で成り立っています。生産や販売、経理や人事、さらに、経営管理や経営戦略立案も担当部門が分かれています。各部門が連携し、企業活動が進んでいきます。いわばシステムと同じようなものと言えるでしょう。

システムの追加・修正を行う場合、システム全体への影響を考えるでしょう。さもなければ、システム全体に悪影響を及ぼすかもしれません。それと同様に、企業全体の把握を元に、どの業務をどのように改善すべきか検討し、当該業務および全社的な改善に繋げる必要があるのです。

個別部門のシステムを企画する場合などでは、企業活動全体の把握が困難なことから、個別部門のユーザーニーズによりシステム企画を行ってしまうことがあります。その結果、**部分最適ではあっても全体最適とは矛盾するシステム企画になってしまう**危険も生じます。

1.4.2 経営戦略の把握とシステム企画への反映の難しさ

企業情報システムでは、システム企画の出発点は経営戦略を元にすることが通説です。しかしながら、経営戦略は抽象的なものが多く見られます。また、形式的に作られたものもあります。これらを分析しても具体的な経営戦略がつかめません。

多くの中小企業等では明文化された経営戦略がありません。経営者の頭の中にあります（詳しくは「1.4.3　経営課題の把握の難しさ」で述べます）。

また、経営戦略は必ずしもシステムに配慮して作成されたものではありません。そのため、システムとの関連が描きにくいこともしばしばです。

具体的な経営戦略が立案されていたとしても、それをシステムの機能に落とし込むことも容易ではありません。経営戦略を分析し、具体的な業務に落とし込み、それをさらに細分化・具体化し、その業務改善を支援するシステム機能にブレイクダウンしなければならないからです。

このように経営戦略の把握が非常に難しいことから、現場のユーザーニーズに基づいてシステム企画を行ってしまうこともあります。その結果、**経営戦略を反映しない、「現場の単なる改善」のシステム企画となってしまう**こともよく見られます。

1.4.3 経営課題の把握の難しさ

システム企画の依頼に際して、経営層から経営課題が提起されることもあります。しかし、経営課題はあいまいなものが多く見られます。経営層の将来への展望であれば良いのですが、夢や実現不可能なものもあります。また、経営課題の原因を誤解している時や、経営課題自体が誤っている時もあります。

では、なぜ経営のプロである経営層の経営課題にこのような瑕疵があるのでしょうか。1つは、皆さんもお気づきのことと思いますが、システム化を正しく認識している経営層は少ないということです。多くの経営層は、企業の基幹業務である営業や生産で成果を上げた人だからです。

経営層は経営のプロです。そうでなければ容易に経営層にはなれないでしょう。経営層の仕事は企業の進路を示し、経営資源を効率的に活用し、企業を発展させることです。ただ、業務のプロではないのです。

経営層になる前にはさまざまな業務に従事しており、一定の業務知識を持っています。しかし、それは昔のことです。経営層になって現場から離れれば、その知識も陳腐化していきます。また、経営層もすべての業務を経験しているわけではありません。したがって、経営層の業務知識は完全なものではないのです。

要するに、経営層の語る経営課題は経営的に見れば適切です。しかし、業務実態やシステムの観点から見ると問題を含んでいるのです。したがって、経営層の提起する経営課題は、その要因や解決策について十分に調査・分析しなくてはならないのです。

経営戦略や経営課題があいまいでシステムの機能に繋げられないことから、現実のシステム企画においては、窓口の担当者の意見を反映したシステムとなりがちです。つまり、**経営戦略支援や経営課題の解決に繋がらないシステムになりがち**ということです（**図1.3**）。

図1.3　経営戦略や経営課題解決に繋がらないシステム企画

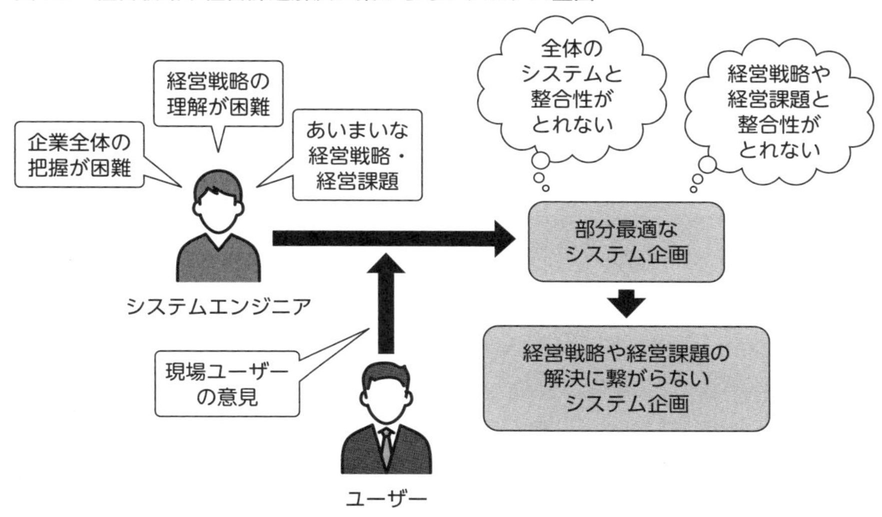

1.4.4 ユーザーニーズの把握の難しさ

皆さんはヒアリングでユーザーニーズを把握した経験があることと思います。しかし、ユーザーニーズに振り回されたことはないでしょうか（**図1.4**）。

あいまいなユーザーニーズ

ユーザーはシステムの要求定義に慣れているわけではありません。そのため、ニーズをうまく説明できなかったり、漏れや矛盾を含んだ説明となったりします。時には、実現不可能な要求を出すこともあります。このあいまいなユーザーニーズを元にしたシステムを企画しては問題でしょう。

対立するユーザーニーズ

システムに関係する部門はさまざまです。そして、部門間で利害が対立する場合もあります。しかも、対立する部門の意見を調整することは容易ではありません。結論をあいまいなままにしたり、声の大きな部門の意見を採用したりせざるを得ないこともあります。

システム開発が進んだ段階でこの結論が覆されると、大規模な修正が発生するかもしれません。

後から出てくるユーザーニーズ

ユーザーはシステム企画の段階では、あまりシステム機能のイメージがつかめません。システム開発が進むにつれて徐々に理解が進み、ニーズが出てきます。しかし、システム開発が進んだ段階での要求は、膨大な手戻りの発生をもたらすかもしれません。

図1.4　コスト増や納期遅延のリスクを内包したシステム企画

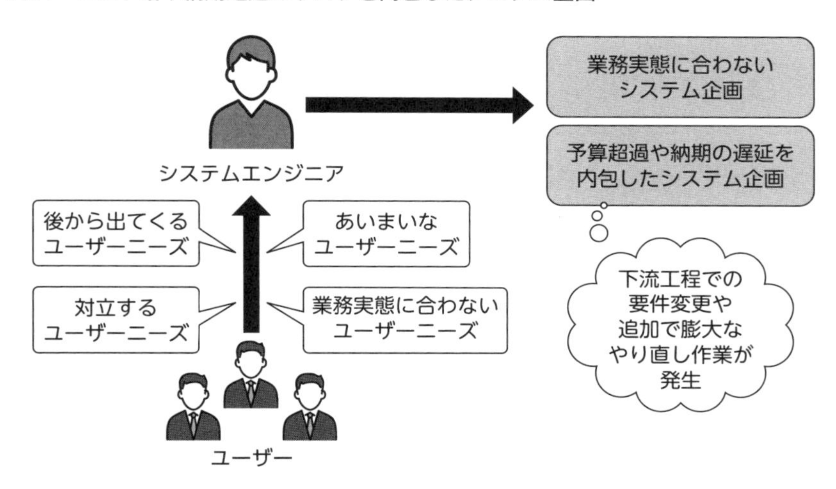

1.4.5 本音を隠す従業員への対応の難しさ

多くのシステム設計技法は、「十分な説明や協議を踏まえてシステム化を正しく理解すれば、従業員はシステム化に協力してくれる」という性善説に立っていると思います。しかし、従業員は生身の人間であり、感情を持っています。また、企業と異なる利害を持っていることもあります。

システム化においても、企業と部門や個人の利害が反することがあります。そのような場合でも、従業員は「企業を発展させるシステム化」に表立って反対することはできません。しかし、システム化が進むにつれて、本音を表し抵抗勢力になることもあります。いわゆる総論賛成・各論反対です。

たとえば、システムエンジニアの皆さんが勤務しているITベンダーから「我が社は、システム開発を受注する業務から、ITコンサルティング業務へと業態を変化する」という経営戦略が打ち出されたらどうでしょうか。いくら経営戦略だからと言って、今までIT技術習得に努力してきた皆さんが、これから未知のコンサルティングを習得しなくてはならないことに抵抗を感じないでしょうか。

従業員の本音を踏まえてシステム企画を行わないと、開発・導入段階で大きな抵抗を受けるかもしれません（**図1.5**）。

図1.5 ユーザーの本音を踏まえないシステム企画

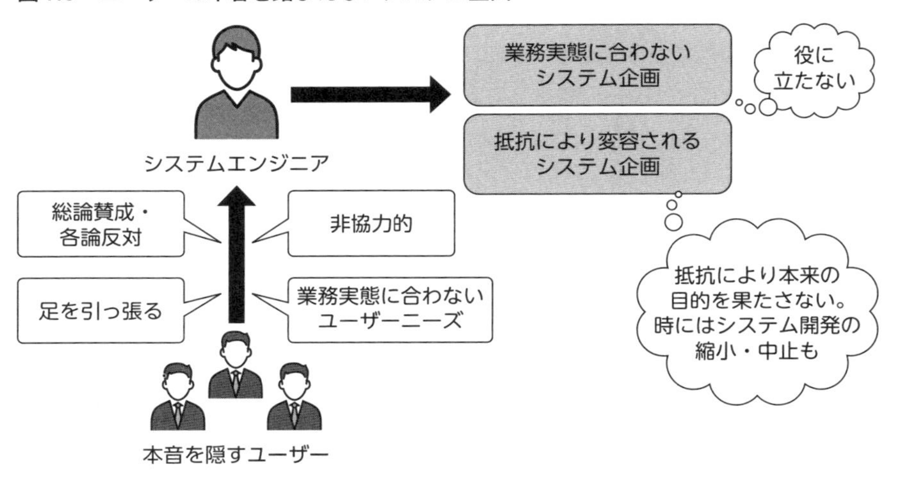

1.4.6 専門知識が必要なユーザー業務の理解の難しさ

ITベンダーのシステムエンジニアにとって、顧客の業務を理解することは容易ではありません。かなりの専門性が必要な業務もあります。したがって、従業員から丁寧にヒアリングし、正確に業務を把握することになります。

ところが、従業員が必ずしも担当業務を把握しているわけではないのです。従業員は業務処理を熟知していますが、それは現在行っていることです。「業務処理の目的」「本来どのように処理すべきか」を理解しているとは限りません。したがって、彼らの課題や改善要求が適正とは限らないのです。

内外の環境変化等に伴って、業務も常に変化しています。しかし、業務処理は従業員が勝手に変更できず、決められた通りに処理されていきます。その結果、業務処理の形骸化も進んでいきます。従業員が説明するのは、形骸化した業務処理かもしれません。

要するに、従業員は現行の業務処理のプロですが、「あるべき業務処理」のプロではないのです。改善要求も、あるべき業務処理の視点ではなく、現在の業務が楽になるかどうかという視点が多く見られます。中には自分たちのわがままも含まれています。

従業員の説明する業務処理や課題・改善希望をそのままシステム企画に取り入れた場合、単なる現行業務の改善システムになるかもしれません（**図1.6**）。

図1.6 現状の業務しか見えないユーザーニーズに基づくシステム企画

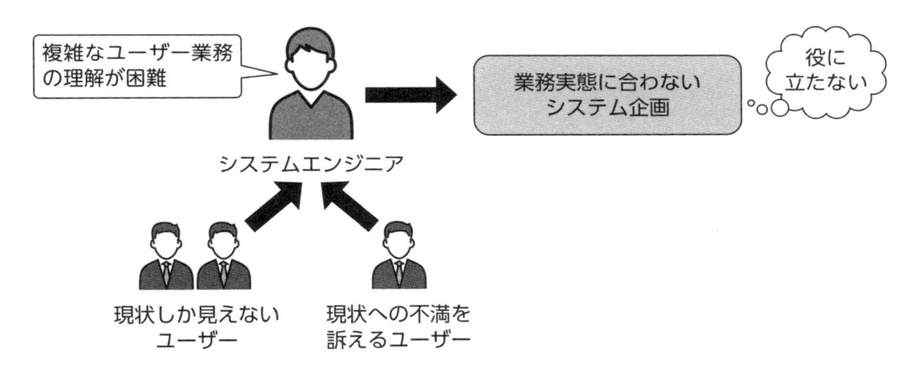

1.4.7 経営層にシステム企画への理解・協力を得ることの難しさ

経営層の多くはシステムについての認識が不十分でしょう。したがって、システム企画案を提案してもなかなか理解してくれません。システム企画の承認が得られないのでは大変です。

また、承認が得られたとしても、「後はIT部門に任せる」ということではシステム開発はスムーズに進みません。経営層の支援がないと、次のような問題に直面するかもしれません（**図1.7**、**図1.8**）。

システム化に関する改革が事業部門の抵抗でつぶされる

システム企画プロジェクトを推進するにあたっては、業務を大きく改善したり、組織に手を加えたりする必要も生じるでしょう。そのような時に、事業部門からさまざまな反対や抵抗があるかもしれません。そして、事業部門を説得するのは容易なことではありません。

一方で、事業部門の言いなりになっていては、改善ではなく、単なる効率化になってしまいます。

こうした状況を防止するには、経営層に重要な会議には出席してもらい、適正なジャッジをしてもらうといった支援が有効です。たとえ部門長であっても、経営層の前では感情的な反対はしにくいものです。

新システム稼働後のビジネスプロセスの改革が進まない

ビジネスプロセスは基本的に人間により処理されており、その一部をシステムが担当しています。つまり、ビジネスプロセスのシステム化とは、「システムの導入」と「人間のビジネスプロセス改善」から構成されていると言えるでしょう。したがって、システム化に際し、従業員が新システムを活用して改善活動に取り組まなくては、その効果を十分に発揮できません。

改善活動を促進するには、経営層が「システム導入だけではなく、導入後のビジネスプロセス改善が必要であり、その主体が従業員である」との認識を持つことが前提です。この認識があれば、経営層は新システム導入後も従業員の改革の取り組みを監視し、不十分であれば推進を指示するでしょう。この理解がなければ、企業変革を目的とした新システム導入も、単なる業務の自動化に終わってしまうかもしれません。

図1.7　経営層の支援がないシステム企画①

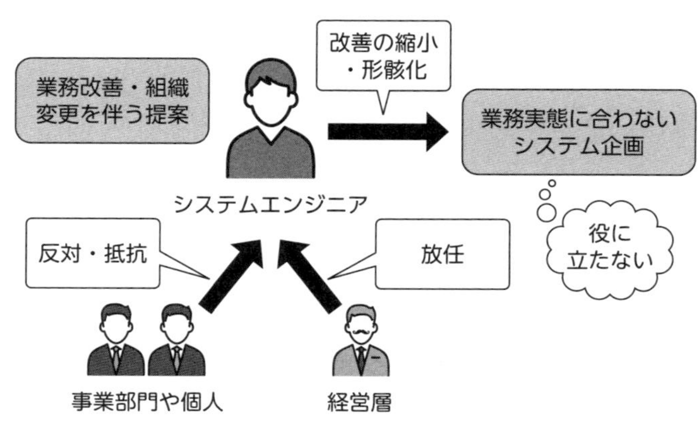

図1.8　経営層の支援がないシステム企画②

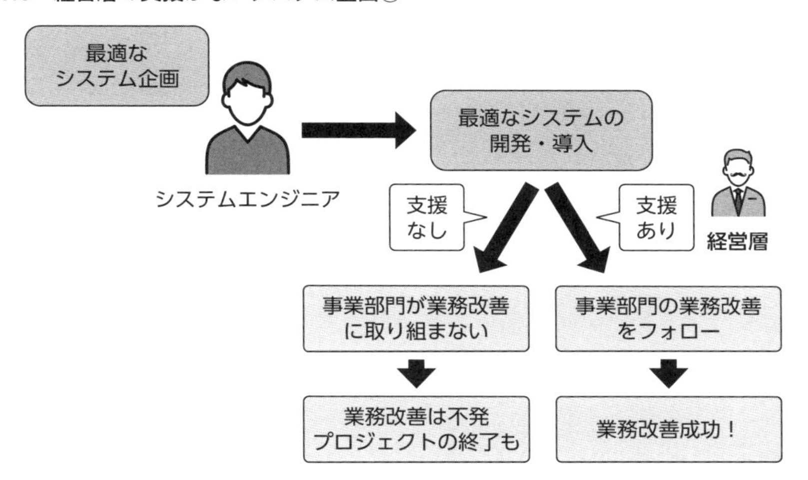

1.4.8 従業員にシステム企画への理解・協力を得ることの難しさ

従業員には、企業を発展させるべくシステムの企画や業務改善に積極的に取り組む人も多いと思います。しかし、次のような不安を抱える人もいることでしょう。

- システム化への不安
  「システム化による新しい業務ができないかもしれない。もしかすると、私の仕事がなくなるかもしれない」

- システム化は他人の仕事
  「システム化は情報部門の仕事であり、自分の仕事ではない。迷惑だ」

- 傍観
  「今までいろいろな改善が行われてきたが、ほとんどがうやむやになった。適当に要領良くふるまっていれば、システムの改革もそのうち消えるだろう」

- 既得権を守る

「専門性や既得権が侵されるシステム化には、表立って反対はできないが、何としても強力に抵抗しよう」

システム化を進めていくと、従業員の対応は3つのグループに分けられるでしょう。

第1グループは、システム化を積極的に支援してくれる人たちです。

第2グループは、システム化に賛成も反対もしない人たちです。システム化を理解するにつれて第1グループになってくれることもあります。ただ、場合によっては抵抗勢力になる可能性もある人たちです。先の不安の中では、システム化への不安を持つ人、他人の仕事と考える人、傍観者などです。

第3グループは、システム化の抵抗勢力です。先の不安の中では、既得権を守る人やこれ以上仕事を増やしたくない（他人の仕事）と考える人などです。

システム企画を進めている時、第3グループであっても、企業を改革するシステム化に表立って反対はしません。しかしながら、ことあるごとに抵抗します。場合によってはシステム企画の目的がゆがめられるなどして、本来の目的を達成できなくなることもあります。

本書はこのようなシステム企画の難しさを克服し、システム企画を成功させるためのものです。そのためには、従来のシステム設計技法に新たな視点を加える必要があると思います。情報技術面ではなく、経営学からの視点です。つまり経営コンサルタントがシステム企画を行うに際し、どのような観点から取り組むかということです。

本書ではこれを**経営コンサルタントの視点**と呼びます。次章では、経営コンサルタントの視点とは何かについて解説します。

システム企画を成功に導く「経営コンサルタントの視点」

皆さんはすでに情報技術やシステム設計についてスキルを持っていると思います。しかし、第1章で挙げた「システム企画の難しさとその要因」に対応するには、新たな視点も必要ではないでしょうか。ここでは、システム企画に必要なビジネス知識について紹介するとともに、経営コンサルタントの視点をどのようにシステム企画に活かすのかを解説します。

2.1 システム企画に必要なビジネス知識

2.1.1 経営学の分野

第1章で、システムエンジニアには**経営コンサルタントの視点**が必要だと述べました。ビジネスに関する知識は経営学で研究されています。経営学とは、企業を対象とする学問です。

その経営学にもさまざまな分野があります。ここでは、経営学の分野を、経営資源である「ヒト・モノ・カネ・情報」で分類し、主要な分野について説明します。さらに細かく分ければきりがありませんが、皆さんは経営学者になるのではありません。システムエンジニアに関連する分野としてはこれで十分でしょう（**図2.1**）。

ヒトに関する分野としては、「人事管理論」が挙げられるでしょう。さらに個人の管理ではなく、組織の在り方を研究する「組織論」もあります。

モノに関する分野には、「マーケティング論（販売管理）」「ロジスティクス論」「生産管理論」など、企業の基幹業務に関連するものが挙げられます。

カネに関する分野としては、「会計学」があります。詳細に見ると、会計仕訳に関する「簿記」や、決算処理を扱う「財務会計論」などがあります。

情報に関する分野としては、システムエンジニアの皆さんの得意分野である「経営情報論」があります。

この他に、企業の進路を定める「経営戦略論」や企業を管理する「経営管理論」があります。

図2.1　経営学の主要な分野

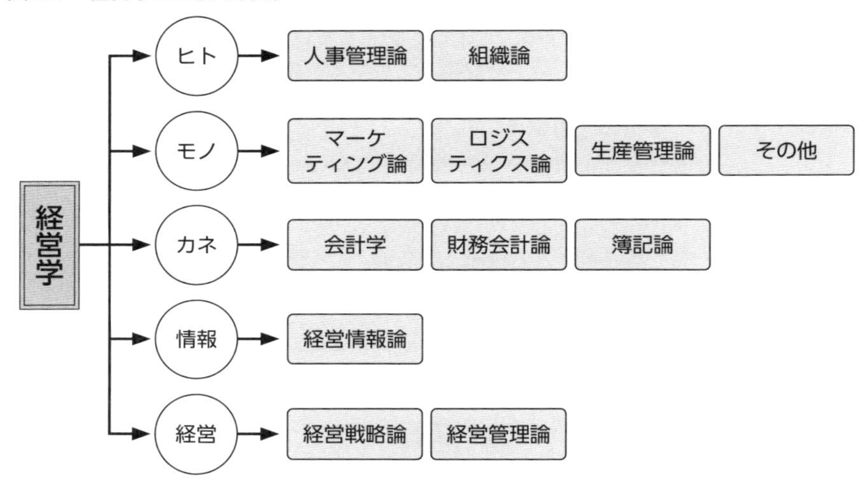

2.1.2 システム企画の視点

このように、経営学には膨大な分野があります。簿記を学ぶだけでも相当な努力が必要です。では、どうすれば良いのでしょうか。

安心してください。ここで重要なのは、システムエンジニアは「経営のプロ」になるのではなく「ビジネスシステム構築のプロ」になる、ということです。

経営のプロであれば、上記の経営分野をある程度マスターしなくてはなりません。何年もかかるでしょう。しかし、システムエンジニアは企業を発展させるべく、ビジネスシステムの企画立案を行うのです。改善されたビジネスをシステムエンジニアが担当し、企業を発展させるわけではないのです。

簡単に言えば、「儲かる仕組み」を企画立案するのです。したがって、「儲かる仕組み」を企画立案するのに必要な分野を、必要な程度に応じて習得すれば良いのです。

経営コンサルタントの視点とは、厳密に言えば「ビジネスプロセス改善企画ノウハウ」です。システムエンジニアはシステムを個別の業務ではなく、ビジネスプロセスで見ています。ですから、ビジネスが苦手なシステムエンジニアの人でも、少し努力すればビジネスに強いシステムエンジニアになれるのです（**図2.2**）。

図2.2　ビジネス実践のプロではなくビジネスプロセス改善のプロ

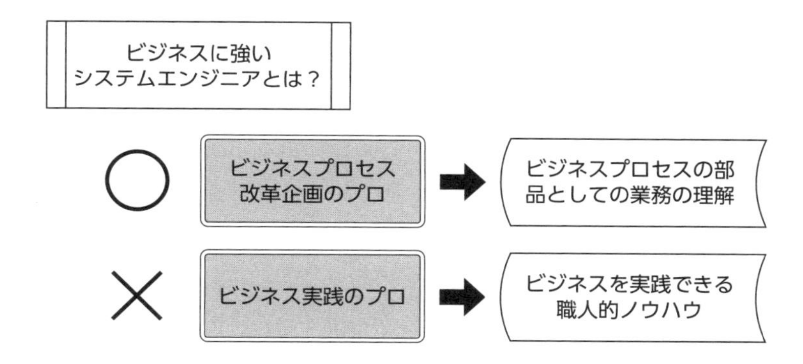

2.1.3 システム企画に必要な経営学

経営戦略

経営戦略の知識は、そのまま経営戦略を学べば良いでしょう。経営戦略の立案は相当に高度な問題です。しかしシステムエンジニアの場合は、経営戦略そのものを立案するというよりは、経営戦略を受けて具体的なビジネスプロセスの改善に落とし込み、それをシステムで支援するという業務になると思います。

したがって、経営戦略については、経営戦略にはどのようなものがあるか、また具体的にどのような戦略が考えられるかがわかる程度の知識で良いでしょう。さらに学習の利点として、経営戦略の知識は、おおむね業種や業務に共通の知識です。ある程度マスターすればどの企業にも使えます。

しかし問題もあります。経営戦略は多くの企業で文書化されていません。単年度の経営戦略とも言える経営計画はほとんどの企業で作成されていますが、経営計画から具体的な経営戦略はなかなか見えないものです。

したがって、システムエンジニアの皆さんは経営層からヒアリングし、経営層の頭の中にある経営戦略を引き出さなければなりません。ヒアリングの仕方は第7章で解説します。

業務知識

これは経営学の分野としては、企業の基幹業務である「マーケティング論（販売管理）」「ロジスティクス論」「生産管理論」などです。

これは業種によって異なります。流通業、製造業、サービス業などたくさんの業種があり、各業種の中にはさまざまな業務があります。同じ業務でも企業によって異なります。そう考えると、「業務知識を習得するのは不可能なのでは」と思うかもしれません。

業種にはさまざまなものがありますが、それを構成する業務はかなり共通しています。代表的な業種をマスターすれば、他の業種であっても、構成する業務が類似の場合はほとんど応用できるのです。したがって、1社の業務を学習してください。そうすれば、他のいくつもの業種でも対応できるようになります。

たとえば卸売業であれば、「仕入（購買）管理業務」「在庫管理業務」「販売管理業務」です。小売業も卸売業と同じですが、卸売業の販売管理は企業間の受発注になり、小売業の販売管理は店頭販売となる、といったところが異なるだけです。

人事管理業務

これは、一般的には基幹業務と繋がってはいません。したがって、人事管理システムを開発するのでなければ常識程度で良いでしょう。

会計業務

システムエンジニアは、会計システムを開発するのでなければ、詳細な簿記の知識は必要ありません。ただ、仕入管理業務の買掛金データ、在庫管理業務の在庫データ、販売管理業務の売上データ等、基幹業務システムで派生する会計データは、自動仕分けで会計システムに渡されます。これらは、会計処理の基本的な理解で対応できるでしょう。

なお、会計業務と人事管理業務も、経営戦略と同様に業種にはあまり影響を受けず、ある程度理解すればどこの企業でも使える知識です。とくに、会計は法律等で定められた処理方法をとっているため、個別企業独自の会計処理は行えません。

経営管理

システム企画では、経営層や従業員の理解や協力が欠かせません。経営層の思考を理解するには「リーダーシップ論」が参考になります。また、従業員のシステム企画への協力を得るには「モチベーション論」「組織風土」への理解が役に立ちます。

以上をまとめると、**表2.1**のようになります。

表2.1 システムエンジニアが学ぶべき経営学の分野

分野	把握レベル
経営戦略	経営戦略に関して一定の知識を持ち、アイデアレベルでは経営戦略が立案できる
経営管理	各事業部門長程度の経営管理の知識と管理の能力を持つ。組織風土、リーダーシップ論、モチベーション論についてもある程度の認識を持つ
基幹業務(生産・物流・販売)への理解	卸売業、小売業、製造業、サービス業いずれでもかまわないが、1社の基幹業務の実態についてある程度の認識を持ち、かつ強みと弱みが把握できる
ビジネスプロセスへの理解	企業の業務を部門別ではなく、組織横断のビジネスプロセスとして把握できる。また、ビジネスプロセスの強みと弱みが把握できる

このように、経営コンサルタントの視点では、経営学をすべて学ぶのではなく、システム企画に必要な最小限に絞って学習するだけで良いのです(**図2.3**)。

図2.3　ビジネスに強いシステムエンジニアの知識

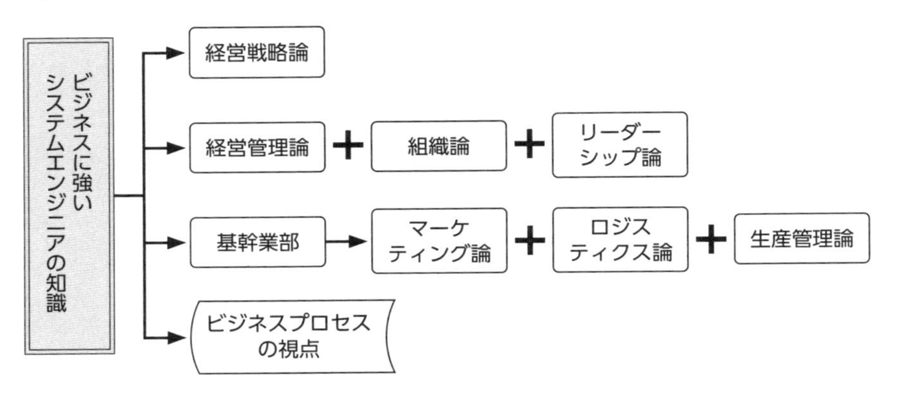

2.1.4 経営学の学び方

経営学のうち、「どのような目的で、どのような分野の知識が必要か」についての概要は理解できたと思います。ただし、経営学の学習における重要な留意点があります。

経営学は、ある程度普遍的な理論として研究されています。また、理論の実践には経営環境からの影響をあまり配慮していません。それらに配慮すればするだけ、理論が複雑になってしまうからです。

しかし、経営学の理論をシステムに適用するには、当該企業のさまざまな環境に配慮しなくてはなりません。現実に困難な課題を抱えている企業に理論を当てはめるのです。企業によっては、理論通り改善ができるかもしれません。しかしながら、ほとんどの企業でそのまま適用することは難しいでしょう。

もちろん、理論が役に立たないというわけではありません。理論を当該企業に適用できるようにアレンジする必要があるのです。当該理論の前提条件は何か、どのようなことに配慮して適用するか、どのようにアレンジすれば当該企業に適用できるか等です。これは難しいことのように思えるかもしれません。しかし、経営学を学ぶ時、常に現実企業に適用するにはどのようなアレンジが必要か考えながら学習することで、アレンジ能力を身につけられます。

2.1.5 本書での経営学の扱い

本書では、経営学の解説はしません。システム企画の各フェーズで必要なビジネス知識をアレンジしたうえで、具体的に活用する仕方を「経営コンサルタントの視点」として解説しています（**図2.4**）。

皆さんは本書を読むことで、すぐにビジネス知識をシステム企画の業務に適用できるでしょう。ただ、その方法をさらに深めたい場合は、先に説明した経営学をぜひ学んでください。

図2.4　本書における経営学の扱いと経営コンサルタントの視点

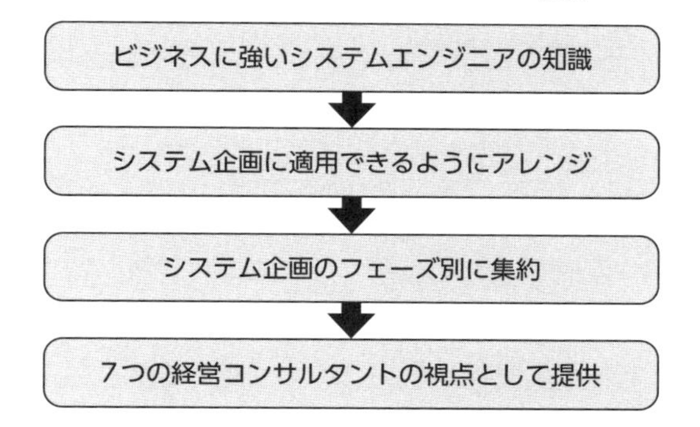

2.2　業務ではなくビジネスプロセスを見る

2.2.1 ビジネスプロセス改善企画のプロになる

現場の業務知識（基幹業務）は重要ですが、先にも述べた通り、学習の目的は各業務のスペシャリストになることではありません。営業で言えば、ライバル社を寄せ付けない営業の話法や顧客とのコミュニケーションノウハウは、当該業務に特化しなければ容易に得られないでしょう。

システムエンジニアに必要な能力は、ビジネスプロセスの流れの１要素として、当該業務を把握できるレベルで良いのです。各業務の知識とシステムの視点を持っていれば、さほど難しいことではありません。

つまり、「No.1の営業マンになる」のではなく「誰でも売上がアップできる仕組みを企画できるようになる」ということです。そのために、業務の仕組みであるビジネスプロセスについて、現状把握、課題分析、改善の方向を定めるノウハウが必要なのです。**業務のプロになるのではなく、業務の流れ、すなわち、ビジネスプロセス改善企画のプロになる**のです。

2.2.2 部門最適ではなく全社最適の視点を持つ

多くの企業のビジネスプロセスは、特定部門の業務で完結するものではなく、企業活動全体を対象としています。つまりビジネスプロセスとは、各部門や各組織の機能ではなく企業活動全体を、顧客に価値を生み出すプロセスとして見ることです。

卸売業で見てみましょう。従来の現状調査方法では、仕入管理業務、在庫管理業務、販売管理業務、人事・総務業務、経理業務の各組織別に業務の現状調査を行います。

しかし、ビジネスプロセスでは、ビジネスの流れで企業活動を見ていきます。卸売業のビジネスプロセスであれば、たとえば次のようになります。

受注（営業部門） ⇒ 在庫確認（営業部門） ⇒ 出荷依頼（営業部門）
⇒ 在庫引当（物流部門） ⇒ ピッキング（物流部門） ⇒ 出荷（物流部門）
⇒ 売上計上（経理部門） ⇒ 請求（経理部門） ⇒ 回収（経理部門）

ビジネスプロセスは各組織を通じて処理されます。営業がいかに優れておりライバル社を凌駕していたとしても、在庫がなければ受注できません。物流部門が適正在庫を維持していることが前提条件となります。

在庫把握が不正確な場合、出荷しようとした現物がないといった問題が生じ、顧客からの信用を失うかもしれません。出荷に際しても、他社が1日で配送するのに、物流が非効率で2日かかっていては競争になりません。

これは、物流部門だけではなく営業部門にも問題があります。物流部門が適正在庫を確保するには、営業の販売予測が前提となります。予測が不正確であれば、当然ながら適正在庫は確保できません。納期についても同様で、営業が受注を確保するため、無理な短納期の約束をしてしまうこともあるでしょう。営業としては売上を確保できますが、物流部門では残業等の過大な負担が生じるかもしれません。さらに、営業は売れ残りの商品の販売には不熱心で、売れない在庫が増加していくかもしれません。

これらの例は、各組織をまたがって生じる典型的な問題ですが、営業部門だけ、物流部門だけで解決できるものではありません。売上を伸ばし、収益を確保すべく、顧客に対して価値のあるアウトプットを生み出すビジネスプロセスの流れの中には、各部門の組織を超えた、あるいは組織にまたがった、さまざまな阻害要因があるのです。

企業活動における組織は、**図2.5**のように機能の縦割りですが、ビジネスプロセスは組織の機能に横ぐしを通したようなものと言えるでしょう。

図2.5　企業活動における組織別機能とビジネスプロセス

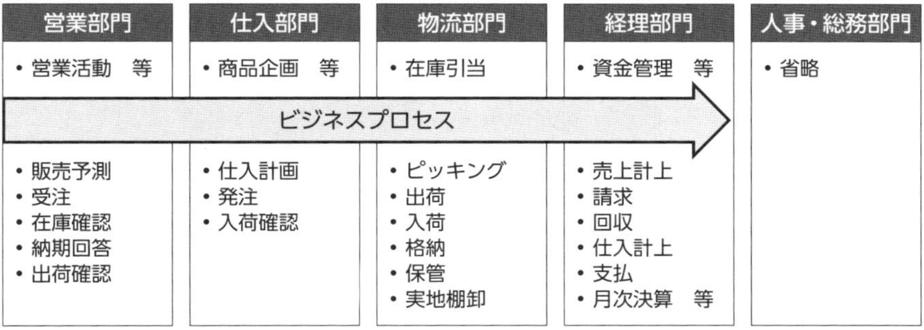

営業部門	仕入部門	物流部門	経理部門	人事・総務部門
・営業活動　等	・商品企画　等	・在庫引当	・資金管理　等	・省略
ビジネスプロセス →				
・販売予測 ・受注 ・在庫確認 ・納期回答 ・出荷確認	・仕入計画 ・発注 ・入荷確認	・ピッキング ・出荷 ・入荷 ・格納 ・保管 ・実地棚卸	・売上計上 ・請求 ・回収 ・仕入計上 ・支払 ・月次決算　等	

各部門のニーズに囚われていては、部分最適の改善となってしまい、ビジネスプロセスの全体最適の改善はできません。したがって、業務を学ぶに際しては、**ビジネスプロセスの全体最適の視点が必須**です。

システムは基本的にビジネスプロセスを対象としています。そのため、すでにシステムエンジニアの皆さんは、企業の部門を個別に見るのではなくビジネスプロセス全体を見る視点を持っていると思います。部分最適になりがちな各部門をリードして、全体最適の企画を立案することが役割です。

2.2.3 経営戦略のビジネスプロセスへの落とし込み

もう1つ、重要な問題があります。それは、漠然とした経営戦略がビジネスプロセスのどこにどのように影響するか、そして何をどのように改善しなくてはならないかということを把握できなければならないのです。

たとえば、経営層が「売上を20%増加させる」「製造コストを大幅に圧縮する」などの経営戦略を立案したとします。このような場合に、ビジネスプロセスのどこをどのように改善すれば売上を20%増加させられるのでしょうか？　これについては第7章で解説します。

ともかく、経営戦略やIT戦略を受けて、ビジネスプロセスの改善案を作成できることが重要です。さもないと、単なる現状のビジネスプロセスに少し手を加えただけのシステムになってしまうからです。

2.2.4 ビジネスプロセスの構成要素の基本は基幹業務

システムエンジニアはビジネスプロセス改善のプロだと述べました。そのビジネスプロセスは、さまざまな業務で構成されています。ビジネスプロセスの改善といっても、やはり個々の業務をある程度理解していなくてはなりません。ビジネスプロセスの改善には、その構成要素である一定の業務知識は必須です。

しかし、システム化は、ビジネスモデルの変革からビジネスプロセス改善、IoTを活用した新たなビジネス、AIを活用した分析など、あらゆるビジネス分野での改善が対象となります。何度も述べましたが、業種や業務もさまざまです。さらに、同じ業務でもIoTを活用した新たな業務展開も可能です。

システムにおいて、「デジタル技術をビジネスに適用する」ケースでは、多くの場合あまり成功しているとは言えません。なぜならば、デジタル技術を何とかビジネスに当てはめようとするからで、必ずしもビジネスが必要としている改善ではないからです。

そうではなく、「ビジネスに必要なものを、デジタル技術を活用して改善する」

といった視点がポイントです。つまり、ビジネスを理解し、その課題解決のためにデジタル技術を活用するということです。そのためには、どうしてもある程度の業務知識が必要になるのです。

では、こうした業務知識をどのようにして強化すれば良いのでしょうか。最先端の改善手法やデジタルツールを元にしたビジネスアイデアを研究してもきりがないでしょう。

多くのビジネスは、基本的には基幹業務とそれを支援する業務と言えるのではないでしょうか。したがって、基幹業務を理解していれば、その派生的なさまざまなアイデアや改善を生み出せます。つまり、ビジネスニーズに基づいたアイデアであれば、基幹業務の改善の基本的な業務知識を持つことにより、その応用ができるということになります。

本書では、基幹業務の基本的な知識に焦点を当て、基幹業務の実際の状況を理解する方法（第３章から第５章）や、ビジネスプロセス改善に関する視点（第６章）について解説します。

2.3　ビジネスプロセス改善の「ものさし」を持つ

2.3.1　既存のビジネス分析やシステム企画のアプローチ

IPAが実施する情報処理技術者の資格の１つに「ITストラテジスト」があります。まさに、システムエンジニアがビジネスを分析し、ビジネスモデルやビジネスプロセスを改善し、システムを企画するための資格です。

では、わざわざ本書を読まなくても、「BABOK」やITストラテジスト協会が作成した「SABOK」の学習をすれば良いのでしょうか。基本的にはその通りです。本書がBABOK等にとって代わるのではありません。本書はBABOK等を補完するものです。

BABOKやSABOKは、特定の業種や業務に限定せず、すべてのビジネスに適用できるようになっています。したがって、具体的な業種や業務知識は扱っていません。その部分はシステムエンジニアに任されています。

製造業や流通業などさまざまな業種があり、生産管理、物流管理、販売管理など多くの業務があります。もし、方法論で業種や業務知識を扱うとすると、業種ごと・業務ごとの方法論が必要になり、膨大な範囲となります。したがって、既存のビジネス分析やシステム企画の方法論のアプローチは、どのような業種や業務でも適用できるように、業種や業務から独立したものとなっているのです。

2.3.2 具体的な業務機能やシステム機能はシステムエンジニアの判断

SABOKでは、経営戦略、IT戦略、システム企画等、各段階のタスクにおいて、目的、対象、成果物が記載されています。そのガイドに基づいて調査、分析を進めることにより、適切なIT戦略策定やシステムの企画を可能とするものです。つまり、「何のために」「どの業務を」「どのように改善し」「どのような成果物」にまとめるかをガイドしてくれます。

しかし、「どのように改善し」については、基本的にシステムエンジニアに任されます。業務の改善方法は、業種、業務によって異なるからです。

したがって、システムエンジニアは、業務知識や自らの経験により「どのように改善すべきか」のアイデアを生み出さなくてはなりません。本書はこのような業務において、「何を検討し、どのように改善すべきか」について有効な経営コンサルタントの視点を提供するものです。つまり、システムの対象となる生産管理、在庫管理、販売管理等の基幹業務の改善を前提にガイドするものです。したがって、既存の方法論で扱っていない部分を補完する位置づけとなります。

本書は経営学や企業現場から見たシステム企画の本ですが、既存の方法論を代替するものではありません。既存の方法論において、システムエンジニアの判断に任されている部分を中心に補完するものです（**図2.6**）。したがって、既存の方法論と併用することが前提であり、既存の方法論に記載されていることは、原則として省略しています。

図2.6　既存の方法論と本書の役割

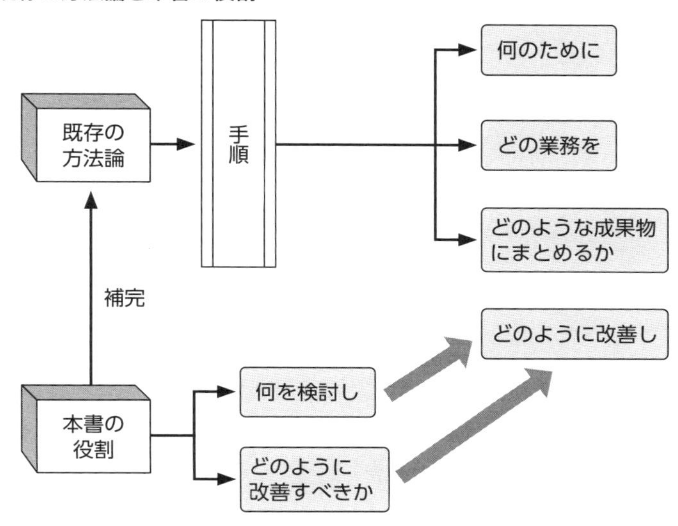

2.3.3 経営コンサルタントの視点はビジネスプロセス改善のものさし

なぜ企業のビジネスプロセスは、To-Be（あるべき姿）と異なってしまうのでしょうか。それには3つの理由があります。

1つめは、企業内外の環境が変化したにもかかわらず、改善が行われていないことです。

2つめは、どの企業でもあるべき姿に改善できるわけではありません。最先端の業務プロセスを遂行するには、一定の業務レベルが必要なのです。これを無視した改善はうまくいきません。そのようなことから改善が進まず、旧態依然の業務となっているのです。

3つめは、現行のやり方に問題を感じていないからです。多くの企業では他社の詳細な業務を知りません。優れた業務プロセスで業務を行っている企業も、極めて遅れた業務プロセスの企業も、自社のレベルを知らないことが多いのです。「業務はこういうもの」と考え、改善の必要性を感じていないのです。

程度の差はあれ、どんな企業も「あるべき姿」で活動しているわけではありません。デジタル技術が飛躍的に発展した現在では、多くの企業が経営課題や発展の機会を活かせていない状況です。だからこそシステム化が必要なのです。

したがって、システム化において重要なのは、現状の業務実態を確実に把握することです。これが実態とずれていれば、当然改善も適切にはなりません。

企業があるべき姿と乖離してしまう理由を述べましたが、このような企業では、問題を抱えていることに気が付いていないことがあります。あるいは、無理に現状を変えたくないと考えている人が多く、改善を阻止していることもあります。彼らは 現状のさまざまな課題を掘り起こされたくないのです(**図2.7**)。それらの現状が明らかになれば、改善を迫られるからです。

図2.7 あるべき業務と環境との乖離の成因

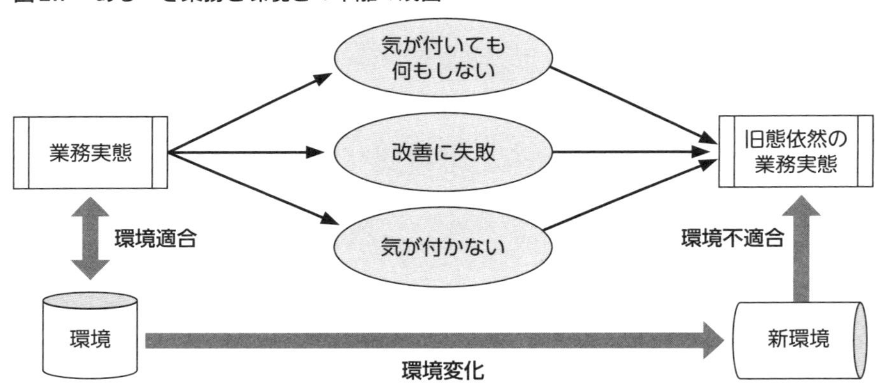

本書では、業務実態を把握する方法について、表面的な業務機能だけでなく、企業風土も考慮したガイドを提供します。また、ビジネスプロセス改善については、業務の本来の目的と現状の業務機能の違いを視野に入れ、第6章でわかりやすく説明します。これにより、ビジネスプロセス改善の目標が明確になり、実現可能性も確保されるでしょう。

システム化の目的は、業務の効率化だけでなく、経営課題の解決や経営戦略のサポートも含まれます。これらは第7章で詳しく説明します。さらに、経営層や従業員の考えを考慮したシステム化の推進方法についても第8章、第9章で解説します。

このように、皆さんは実際の企業を分析する際に、企業の現状を理解する方法や、理想の業務状態（To-Be）に向けた改善の視点などを通じて、実現可能なビジネスプロセス改善の提案ができるようになります。要するに、皆さんは業務を評価する「ものさし」を手に入れることになります。

なお、生産管理や販売管理などの業務についての書籍は多く存在しますが、これらの書籍は通常、理想的な業務の方法について説明しています。実際の企業で起こる属人的な業務運営や伝統的な企業文化など、克服しなければならない現実の課題はあまり配慮されていません。そのため、教科書通りの理想的なシステムを構築しようとしても、実際にはさまざまな問題にぶつかります。

本書は、現実のビジネス環境を考慮し、企業の実情に合ったビジネスプロセス改善をサポートするものです。

2.4 ユーザーニーズを見抜く

2.4.1 既存のユーザーニーズの把握方法

既存の方法論では、ヒアリングや各種の調査でユーザーニーズを把握し、それを実現するアプローチをとっています。

そのビジネスプロセスの「現状、課題、改善の方向を定める」のはユーザーです。これらの方法論は、ユーザーから「現状、課題、改善の方向」を的確に引き出せるように、手順やチェック項目をガイドするアプローチです。ヒアリングや各種の調査方法をきめ細かくガイドしているものもあります。

2.4.2 ユーザーニーズの落とし穴

既存の方法論では、ユーザーが業務や改善の方法を知っており、かつ正しく伝えてくれることが大前提です。しかしここに大きな落とし穴があるのです。

ユーザーは現行の業務、すなわち「何をどのようにするか」は知っています。しかし、システムのブラックボックス化が進み、「何のために」するか、「他により良い方法がある」かを知らないことが多いのです。しかも、そのニーズは、部門最適であったり、あるべき姿を認識していない偏ったものであったりすることも多いのです。

経営戦略を踏まえてビジネスプロセスを改善し、それを支援するシステムを導入すれば企業は発展する。システムエンジニアの皆さんも当然のことと思うでしょう。また、企業の経営層も従業員もそう考えていると思うでしょう。しかし、企業や従業員によってはそう考えない人がいるのです。しかも、そう考えない人がかなりの企業にたくさんいます。

つまり、ユーザーニーズには、それ自体が誤っているものや、改善そのものに反対するものも含んでいます。したがって、ユーザーニーズを正確に反映しただけの改善やシステムの構築は、現状業務のシステム化に留まってしまうことが多いのです。

2.4.3 自己保身を隠す従業員

なぜ、改善そのものに反対するのでしょうか。従業員の言い分を聞いてみましょう。

従業員Aさん：システム化への不信

どうしてシステム化などをやるのか。コンサルティング会社から吹き込まれたのだろうか。また、いつものように騒いで、いつの間にかうやむやになってしまうだろう。慣れ親しんだ仕事を変えたくない。しかも、うまくいっている。なぜ、変えなければならないのか。

従業員Bさん：システム化への不安

システム化による新しい業務を身につけられないかもしれない。もしかすると、私の仕事がなくなるかもしれない。最悪の場合リストラされるかもしれない。

システム化は現状を変えるということです。不確定要素が多く、従業員にとって不安やストレスとなります。さらに、自分に悪影響を及ぼすかもしれないと思うと、システム化への抵抗勢力になるかもしれません。

従業員Cさん：システム化は仕事ではない

今の仕事で手一杯だ。ルーティンはきちんとこなしている。どうしてこれ以上余計な仕事を増やすのか。

システム開発は、システムプロジェクトに関わる人にとっては当然の仕事です。しかし、業務改善を実際に担当する従業員は、日常業務も並行してこなさなければならないのです。システム化は余計な仕事なのです。

従業員Dさん：傍観者

今までいろいろな改善が行われてきた。しかし、ほとんどの改善がうやむやになった。適当に要領良くふるまっていれば、システム化の改革もそのうち消えるだろう。我が社は基本的に終身雇用・年功序列で、業績もそこそこだ。苦労して改革しなくても何とかなるだろう。

エキスパート従業員Eさん：既得権を守る

私の仕事はほとんど誰もできない。だから、会社から頼りにされ給与も高く、わがままも通る。改善で私の仕事が誰でもできるようになったら大変だ。表立って反対はできないが、何としても私の仕事を変えさせない。

2.4.4 部門利益を優先する現場組織

今度は、現場の各部門長の本音を見てみましょう。

部門長A：負担増への反発

現状でも仕事が多く、みんな残業して頑張っている。さらにシステム化で新たな負担をかけるのか。これ以上部下に仕事を増やせば、みんながやる気をなくしてしまう。そうなったら誰が責任を取るのだ。

部門長B：システム化への不信

システム化で何が変わるのか。そんなもの、いつものような流行だ。そのうちうやむやになって消えてしまうだろう。しかし、その前に迷惑をこうむるのは私の部門だ。こんなことでは仕事に専念できない。

部門長C：既得権を守る

システム化に表立って反対はできない。しかし、部門の専門性や既得権が侵されるシステム化には強力に抵抗しよう。自分の部門を何としても守らなくてはならない。

部門長D：派閥

今回のシステム化はライバル役員の経営管理本部の仕事だ。彼はいつも手柄を横取りする。あんなシステム企画プロジェクトは失敗したほうが良い。何かミスがあれば徹底的に追及しよう。

企業には多かれ少なかれ派閥があります。皆さんも会社で気が合う人、合わない人がいるでしょう。そして、皆さんが管理者になれば社内でも競争があるでしょう。あるグループを率いる有力者と他グループのリーダーの仲が険悪であれば、敵対派閥になるでしょう。これは社外からすぐにわかることはありません。

派閥のリーダーが権力者で敵対意識が強いと、改善やシステム化に大きな影響をもたらすことがあります。

自己保身で本音を隠す従業員（**図2.8**）への対応は第9章で解説します。

図2.8 ユーザーニーズの瑕疵

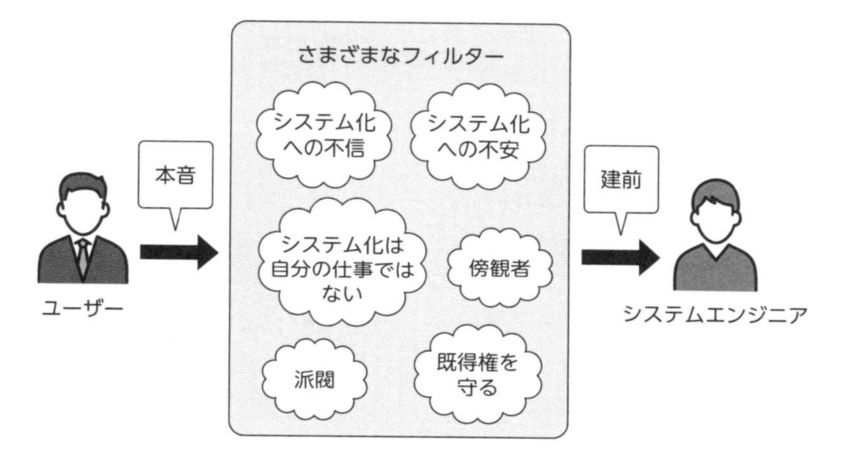

2.4.5 経営層は業務を知らない

では、ユーザーでもある経営層は何を考えているのでしょうか。当然のことですが、経営層の考えは一人ひとり異なります。ただ、ある程度類似の思考もあります。ここでは、よく見られる経営層の考えをいくつか述べます。

経営層はDXもシステム化もほとんどわからない

DXレポートでは、『経営者からビジネスをどのように変えるかについての明確な指示が示されないまま「AIを使って何かできないか」といった指示が出され、PoCが繰り返されるものの、ビジネスの改善に繋がらないといったケースも多い』と述べられています（「DXレポート」（経済産業省）P.6）。

つまり経営層は、システムはデジタル技術の問題であり、情報システム部が担当すべきものという認識です。デジタル技術を使ってシステムを活用すれば、会社が発展するのではないかという期待を持っています。

ただし、これを経営や業務の問題ではなく、あくまで情報技術の問題として捉えています。これは多くの企業の経営層に共通に見られることです。なぜならば、情報システム部門出身の経営層は極めて稀で、多くは営業や生産など企業の基幹業務で成果を上げた人たちです。

また、情報技術の専門知識は、営業や生産などとはその専門性が大きく異なります。システム化は経営層にとって経営の問題ではなく、「専門家に任せば良い技術の問題」という認識となりがちです。

経営層は現場業務も知らない

では、経営層は営業や生産など自社の現場業務をよく知っているでしょうか。経営層が経験した業務についてはある程度認識があります。しかし、現場の業務もたくさんの分野があります。マーケティング、販売管理、在庫管理、物流管理、生産管理などすべてを経験しているわけではありません。

さらに、管理者になればなるほど詳細な現場業務から離れていきます。したがって、自社の業務であっても経営層が現場業務に疎いことも珍しくありません。

経営層が経営戦略や経営課題を正しく把握していないこともある

経営層は経営のプロです。何はともあれ企業をここまで引っ張ってきたのです。多くの困難を乗り越えてきた経営層は、経営のツボを押さえていたり、経営感覚に優れていたりする人が多く見られます。ですから現在、経営層となっているのです。

しかし、経営層は必ずしも経営戦略理論のプロではありません。中には経営戦略に疎い人もいます。したがって、優れた経営層だからといって最適な経営戦略を立案できるわけではありません。

同様に、自社の経営課題を正確に認識しているとも限りません。経営層も人間ですから考えに偏りがあります。また業務経験にも偏りがあります。さらに、必ずしも論理的に自社を分析しているわけではありません。とはいえ、その企業の経営についてはプロなのです。

したがって、経営層が表面的に話す戦略や課題をそのまま鵜呑みにしても、必ずしも正しいとは限りません。システムエンジニアには、当該企業の環境や課題を捉え、経営層の戦略や課題を評価のうえ、改善やシステムに取り入れていくことが望まれます。

経営層のポリシーに反する場合、プロジェクトの失敗もあり得る

しかし、ここで重要なことがあります。経営層の戦略や課題をそのまま反映させてはいけないと説明しました。しかし、**経営層のポリシー**（本書では経営層が理屈抜きで正しいと信じている経営に関する信念という意味で使用）は別です。経営層にはユニークな個性を持っている人がたくさんいます。その個性が企業を発展させてきたのかもしれません。

経営層が考える「企業や業務がどうあるべきか」といった考え、すなわち経営層のポリシーは、絶対に侵すことはできません。改善がいくら適正であっても、経営層のポリシーに反することは認められません。ビジネスプロセス改善やシステム開発がある程度進展した段階で経営層のポリシーに反することが判明した場合、システム開発は大幅な修正に追い込まれます。

したがって、経営層がどのようなポリシーを持っているか、それがシステム化のどこにどのように影響するかということの把握は極めて重要です。

システム化の最大のオーナーは経営層

システムには多くのステークホルダーがいます。システムを直接扱う事務担当者、システムを活用して業務を遂行する業務担当者、その管理者、各事業部門長、経営層などです。また、社外にも株主や、顧客などの取引先もいます。

しかし、システム化は経営層が意思決定し、資金を投入するのです。そして経営層は、投資金額を上回る成果を上げることを期待しています。つまり、システムの最大のオーナーは経営層であり、**経営層が満足しなければシステムは成功したと言えない**のです。

オーナー（経営層）のニーズについては、先ほど述べた通り、戦略や課題をそのまま受け入れるのではなく、評価のうえでビジネスプロセス改善やシステム化に反映させなければなりません。一方で、経営層のポリシーについては、それが偏ったものであっても経営層の信念です。ポリシーを否定したシステム化は成功しません。

何はともあれ、システムの最大のオーナーは経営層なのです。その経営層が不満では成功ではありません。窓口の担当者や事業部門のニーズを満たすだけでは、顧客である経営層は満足しないのです。

「業務が楽になる」「有効な情報がすぐ手に入る」などではなく、経営層は、自分のポリシーに基づき改善・システム化が行われ、会社が発展し、売上が上がり、ライバルに差をつけた時に初めて満足するのです（**図2.9**）。経営層への対応は第８章で解説します。

図2.9　経営層の本音

2.5 システム企画を成功させる経営コンサルタントの視点

ここまで解説した観点で、経営学の中からシステム企画に必要なビジネス知識を、既存のシステム設計技法等とは異なる経営の視点で抽出しました。そのビジネス知識をシステム企画にすぐに使えるようにアレンジし、システム企画フェーズごとに７つの**経営コンサルタントの視点**として提供します。

各視点には、「目的」「資料調査」「ヒアリング」「成果物」「承認」などの項目が掲載されています。各項目は、「何のために、どのような資料を調査し、また、誰から何をヒアリングし、成果物としてまとめ、ユーザーの承認を取るべき」かを、経営コンサルタントの視点で具体的にガイドするものです。

第３章から第６章では、システム企画の基本的なフェーズに沿って説明します。さらに、本書ではシステム企画に重要な影響を及ぼす「経営戦略の扱い」「経営層・従業員の本音を見抜くこと」について力点を置いています。経営戦略については第7章で深堀りして説明します。経営層の本音の把握は第8章、従業員の本音の把握は第9章で掘り下げて説明します。

本書は、第1章で挙げた「システム企画の難しさ」を克服するためのものです。そして、そこに必要な視点はシステム設計の視点というよりは、経営コンサルタントの視点に近いものです。システム企画の難しさと本書の解説との対応関係を**表2.2**に示します。経営コンサルタントの視点を活用すれば、システム企画の難しさも半減するでしょう。

表2.2　本書の解説内容との対応

システム企画の難しさ	本書の対応箇所
1.4.1　企業活動全体の把握の難しさ	第3章　事業概要を把握する
1.4.2　経営戦略の把握とシステム企画への反映の難しさ	第7章　経営戦略支援の機能を深堀りする
1.4.3　経営課題の把握の難しさ	第8章　経営層と良好なコミュニケーションを行う
1.4.4　ユーザーニーズの把握の難しさ	第9章　ユーザーニーズの実態を見抜く
1.4.5　本音を隠す従業員への対応の難しさ	第9章　ユーザーニーズの実態を見抜く
1.4.6　専門知識が必要なユーザー業務の理解の難しさ	第4章　ヒアリング部門を選定する 第5章　業務実態を把握し経営課題を抽出する 第6章　業務の改善案を検討しシステム企画書にまとめる
1.4.7　経営層にシステム企画への理解・協力を得ることの難しさ	第8章　経営層と良好なコミュニケーションを行う
1.4.8　従業員にシステム企画への理解・協力を得ることの難しさ	第9章　ユーザーニーズの実態を見抜く

2.6　本書を読むうえでの注意点

「2.3.2　具体的な業務機能やシステム機能はシステムエンジニアの判断」でも述べた通り、本書は既存の方法論にとって代わるものではありません。既存の方法論を補完することで、皆さんがビジネスに強いシステムエンジニアになることを手助けするものです（**図2.10**）。

図2.10　ビジネスに強いシステムエンジニア

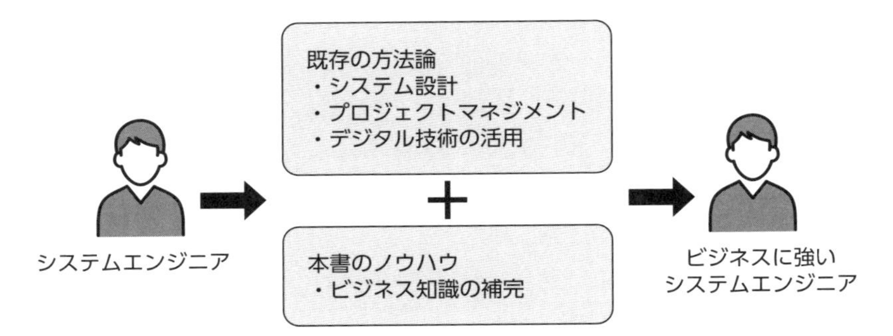

また、本書は社内システムエンジニアの立場ではなく、ITベンダーのシステムエンジニアとして顧客企業から依頼されたケースを前提に執筆しています(**図2.11**)。つまり、システムエンジニアが顧客企業より、ビジネスプロセスの改善とシステム企画を依頼されるシーンを前提に解説します。

- システム企画の対象部門は、大企業の場合は事業部門レベル、中小企業の場合は全社レベル
- システムの改善レベルは、個別業務の改善レベルではなく、ビジネスプロセスの改革レベル
- システム企画の対象システムは、基幹業務を含めシステム全体の改修や更新など

図2.11　本書のシステムエンジニアの立ち位置

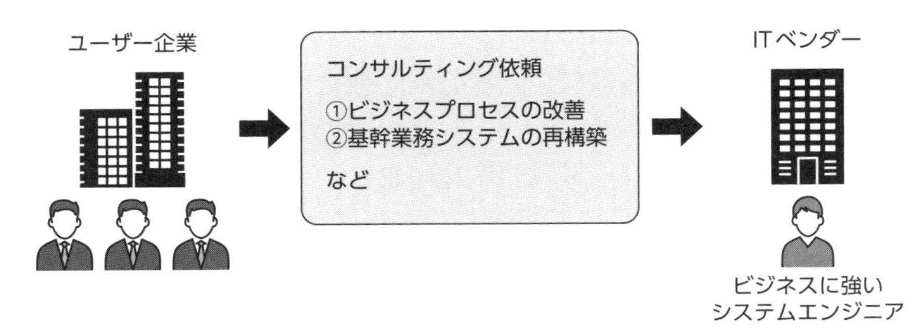

Column 歓迎されるシステム化と嫌われるシステム化

ビジネスに関するシステム化の事例を題材に、「歓迎されるシステム化」「嫌われるシステム化」の話をします。

歓迎されるシステム化

表2.3に挙げたものは、いずれも人手に頼っていた仕事をデジタル化による自動化で、楽に処理できるようにするものです。仕事を楽にしてくれることに反対する人は少ないでしょう。同時に経営者からは、業務の効率化（省力化・迅速化）を実現するものと評価されるでしょう。ただし、多くの経営者は、日常業務の効率化だけでは満足しませんが。

表2.3 歓迎されるシステム化の事例

	事例	目的	ユーザーの反応
①	営業活動においてタブレット等を活用し、顧客への参考資料の掲示	プレゼンテーションの改善	営業担当者は手間が省け、営業の成功率も高くなれば感謝すると考えられる
②	AIシステムに土地情報を入力すると、従来1週間ほどかかっていた建設案（間取り・建設費・賃料）を瞬時に提示	提案を瞬時に	営業担当者は手間が省け、営業の成功率も高くなれば感謝すると考えられる
③	顧客から質問等にAIチャットボットで24時間365日間自動的に返信	サービス向上と人手不足解消	従業員は夜勤がなくなり、経営者も人手不足解消で評価されると考えられる
④	RPAでチェーン店500店舗からの本部への発注実績、天気予報等の情報を自動的に収集し、当該データを分析して仕入先へ適正に発注	再入力の省力化と発注精度の向上	担当者は面倒な再入力がなくなり喜ぶと考えられる
⑤	生産設備にIoTセンサーを付け、現場での監視からリモート監視へ	人件費の圧縮	担当者は単調な監視業務や作業から解放され、経営者も生産性の向上により評価されると考えられる
⑥	検品やピッキング、送り状の発行など、個別プロセスをデジタル化	個別プロセスの省力化	担当者は単調な監視業務や作業から解放され、経営者も生産性の向上により評価されると考えられる

嫌われるシステム化（ビジネス知識が影響するシステム化）

以下の事例におけるユーザーの反応は、必ず発生するということではありません。企業によっては発生する危険があるということです。

	事例	目的
⑦	配膳ロボットやセルフレジ	サービス向上と人手不足解消

経営者は、人手不足解消の面では評価するでしょう。しかし、経営者が「接客は対面できめ細かくすべき」とのポリシーを持っていた場合、導入が否定されるかもしれません。また、経営戦略との関連もあります。当該企業の顧客親密化の戦略と矛盾することがあるかもしれません。

	事例	目的
⑧	ネットショップやWebによる顧客サービス	顧客サービスの向上や人件費等の圧縮

⑦と同様に、経営者のポリシーや経営戦略との整合性の問題もあります。

また、ベテランの営業から苦情が来るかもしれません。なぜならば、永年の努力により築き上げてきた営業ノウハウが、情報システムに置き換えられてしまうかもしれないのです。改革に表立って反対はできませんが、あらゆる機会に妨害してくる可能性があります。

さらに重要な課題があります。企業にもよりますが、リアル店舗とネットショップではさまざまな違いがあります。ネットショップのデザインが問題なのではありません。とくに在庫や物流の仕組みが問題となります。これらのビジネスシステムが的確に機能しなければ、ネットショップはアイデア倒れになるでしょう。

	事例	目的
⑨	全店舗のPOSデータをAIで分析し、需要予測精度を向上させ、仕入や出荷を最適化。とくに需要予測の精緻化により適正在庫を確保	在庫管理の高度化

経営者は在庫管理が高度化すれば評価するでしょう。しかし、AIが自動的に何でもやってくれるわけではありません。販売予測をするには、何がどのように関係しているか、個別企業の実態を示す項目を抽出できなくてはなりません。それらを整理し、適正なデータを与えることにより、AIが正しい判断をするのです。それには、一定の販売予測に対するノウハウの形式知化が前提となります。

	事例	目的
⑩	SFAやCRMといったツールを導入し、顧客情報を最新に更新し、営業等が共有・活用	サービス向上と顧客管理の高度化

営業力がアップし、ライバル社と差別化し、売上が向上すれば経営者は大喜びでしょう。しかし、経営戦略や経営者のポリシーとの整合性についての問題はあります。

さらに、より重要な問題があります。⑧でも説明したベテランの暗黙知の開示です。営業で何度も表彰されてきたような営業担当者の営業スタイルが開示され、誰でも同じように営業できるようになっては、自分の価値がなくなるのです。本音では反対せざるを得ないでしょう。

もう1つあります。このような情報システムには多くの情報を入力しなくてはなりませんが、面倒な作業に多くの時間を取られることは、営業担当者の大きな反発を呼びます。

	事例	目的
⑪	カメラセンサーを用いたモニタリングにより、ベテラン職人の持つ技術をデータ化し、若手の教育に	職人の技術の早期伝承

うまくいけば、経営者から褒められるでしょう。しかし、問題は⑧と同様です。ベテランが、職人技で築き上げてきたノウハウを安易に公開するでしょうか。誰でもできるようになっては、定年と同時に企業を去らなくてはならないかもしれません。皆さんならば、会社のためにノウハウを公開しますか。

	事例	目的
⑫	受注生産製造業で、顧客に注文品の生産の進捗状況をネットで公開し、納期だけではなく進捗状況等も開示	納期の信頼度向上で他社との差別化

情報システムの問題ではなく、業務レベルのものです。これは、生産の進捗が顧客から見られているということです。つまり、生産計画を立て、外注・購買工程を含め製造工程が計画通り進捗しなければならないということになります。

実際の生産現場では、計画通りに進捗することはあまりないでしょう。有力顧客から緊急の依頼があれば、他の製造を中止してでもその生産を優先しなくてはなりません。また、外注品の納期遅延や部品購買が遅れることや、機械の故障や不良品で製造が遅れることもあるでしょう。

そのような状態を顧客に見せるわけにはいきません。高度な生産管理を持つ企業でなければ、かえって顧客の不信を招くでしょう。そうなれば、経営者からは何を言われるかわかりません。システム化は大失敗です。

本書は「嫌われるシステム化」を成功に導くためのもの

歓迎されるシステム化とは、経営者や従業員が支援してくれるシステム化です。したがって、ユーザーと協力してシステム化を推進できるでしょう。デジタル技術の導入や情報システムの開発は皆さんの得意分野であり、皆さんが頑張れば成功できるでしょう。

しかし、嫌われるシステム化は、情報システム開発の延長ではありません。嫌われるシステム化事例の要因は、**表2.4**の4つに大別できるのではないでしょうか。

表2.4 システム化が嫌われる主な要因

要因	該当例
経営戦略との乖離	事例⑦、事例⑧、事例⑩
業務実態との乖離	事例⑧、事例⑨、事例⑩、事例⑫
経営者の真の意向との乖離	事例⑦、事例⑧、事例⑩
従業員の抵抗による改革の形骸化	事例⑧、事例⑩、事例⑪

本書は、嫌われるシステム化であってもシステム企画を成功に導くためのものです。具体的には、「経営戦略との乖離（第7章）」「業務実態との乖離（第4章から第6章）」「経営者の真の意向との乖離（第8章）」「従業員の抵抗による改革の形骸化（第9章）」を防止する方法について解説します。

第2部

システム企画の基本

第2部ではシステム企画のフェーズに沿って、基本的な取り組み方について記載しています。なお、本書では人間とシステムを含めた業務の機能を「業務機能」と表現します。業務を支援するシステムの機能は「システム機能」と記述し、区別します。

- 第3章｜事業概要を把握する
- 第4章｜ヒアリング部門を選定する
- 第5章｜業務実態を把握し経営課題を抽出する
- 第6章｜業務の改善案を検討しシステム企画書にまとめる

第3章

事業概要を把握する

システム企画では、顧客企業の事業の概要を把握することが不可欠です。この章では、事業の概要をビジネスモデルとして捉えるためのノウハウを解説します。どのような資料から何を読み取れば良いのか、経営戦略や経営課題をどのようにして分析・評価すれば良いのか、真に取り組むべき課題をどのようにして特定するかといったポイントがわかります。

3.1 事業概要の捉え方

3.1.1 事業概要を捉える

どんな企業かを把握する

初めに、企業の全体像をつかむことが重要です。企業がどのような活動をし、どのように利益を上げているか、どのような環境にあるか、どのような方向に進もうとしているか、などです。全体像がつかめていなければ、ビジネスプロセスを改善しようとしても、企業の進む方向と矛盾したり効果が半減したりします。また、適切な改善案であっても、全社的には偏ったものになるかもしれません。

しかしながら、企業の規模にもよりますが全体像をつかむことは容易ではありません。また、全体像のつかみ方にもいろいろな視点があります。システムエンジニアの立場では経営層の視点ということになるでしょう。企業を企業経営の視点、すなわち経営層の視点で捉えるのです。

経営層の視点とは

では、経営層は企業をどのような視点で見ているのでしょうか。

企業内部においては、いわゆるヒト・モノ・カネです。優秀な人材を採用・

育成し、企業のために貢献してもらいます。企業運営に必要な資金を銀行等から借り入れ、有効な投資を行い、適切な利益を上げようとします。最後が最も重要ですが、企業本来の活動を有効に行い、収益を上げるのです。経営層の最重要課題は利益を上げることです。

また、経営層はライバル企業の動向に関心を持っています。なぜならば、ライバルに負けてしまえば企業は存続できないからです。同様に、顧客の動向にも留意しています。顧客の支援を受けることが、すなわち企業収益を上げ企業の存続・発展に繋がるからです。

経営層は、このような内外の課題に対し、システムを活用して効率的に企業を運営したいと考えています。ただし、経営層は具体的にデジタル技術をどのように活用したら良いかはわかりません。それは情報システム部門の業務だと思っているからです。

事業概要を企業全体で捉える

経営層は、企業を企業全体（大企業では事業部単位）で捉えています。各業務の詳細なことに囚われていては、企業全体が捉えられないからです。そして、その詳細な業務に関しては部下を使って管理・運営させています。したがって、中間管理層に対する人事管理能力が極めて重要となります。

システム機能は現場の詳細な業務も対象としています。中間管理者でもわからないような細かい事務も対象です。これが、経営層とシステムを遮断している1つの要素です。

システムエンジニアの立場

経営層は企業全体を捉えていますが、システムエンジニアとしてはどのようにすれば良いのでしょうか。自社システムでない場合、依頼元の企業について、短期間で全貌を捉えなければなりません。

しかしここで重要なのは、経営層とまったく同じレベルで捉える必要はないということです。企業全体がどのような活動をし、どのような利益を上げているか、その事業概要が把握できれば良いのです。

もちろん、これは容易ではありません。またさまざまな捉え方があります。

簡単で全体がつかめ、かつ、企業活動の原点がつかみやすい方法が望ましいでしょう。本書では、**ビジネスモデル**で企業全体を捉えるアプローチをとっています。

3.1.2 ビジネスモデルとは何か

ビジネスモデルの構成要素は「顧客は誰か」「顧客にどのような価値を提供するか」「どのようにしてその価値を提供するか」「なぜそれが利益になるか」です（**表3.1**）。ビジネスモデル活用の本来の目的は、本来企業の価値を高めたり事業で利益を生み出したりするための仕組みです。しかし、本手法では現状の企業全体を把握する目的で使用します（**図3.1**）。

表3.1 ビジネスモデルの4つの要素

要素	内容
顧客は誰か	自社が価値を提供したいと考えている顧客
顧客にどのような価値を提供するか	製品だけでなくサービスも含む
どのようにしてその価値を提供するか（ビジネスプロセス）	自社の顧客に対する価値を提供するための製品の製造やサービスの提供の仕方
なぜそれが利益になるか	ビジネスプロセスのどこに利益を生み出すポイントがあるか

図3.1 ビジネスモデルによる企業概要の把握

3.2 ビジネスモデルに基づく経営戦略や経営課題の分析・評価

3.2.1 経営戦略と経営課題を分析する

ビジネスモデルの作成により、当該企業の事業概要が把握できたと思います。そしてそのビジネスモデルを元に経営戦略を分析・評価します。

経営戦略が明文化されていれば、その戦略を理解し、ビジネスモデルと矛盾しないかを分析します。次に、その経営戦略を実現するには何が課題か、何をどうすべきか検討します。その検討を元に、ビジネスモデルのどこをどのように変えるべきか検討します。つまり、経営戦略をビジネスモデルの改善へとブレイクダウンすることです。

次に、ビジネスモデルの改善を具体的な企業の部門で考えます。ビジネスモデルの改善を実現するには、どの部門の業務が対象となり、どのような課題があるか推測します。このような検討により、経営戦略実現のための業務上の改善課題を把握できます（**図3.2**）。

図3.2　ビジネスモデルに基づく経営戦略の分析・評価

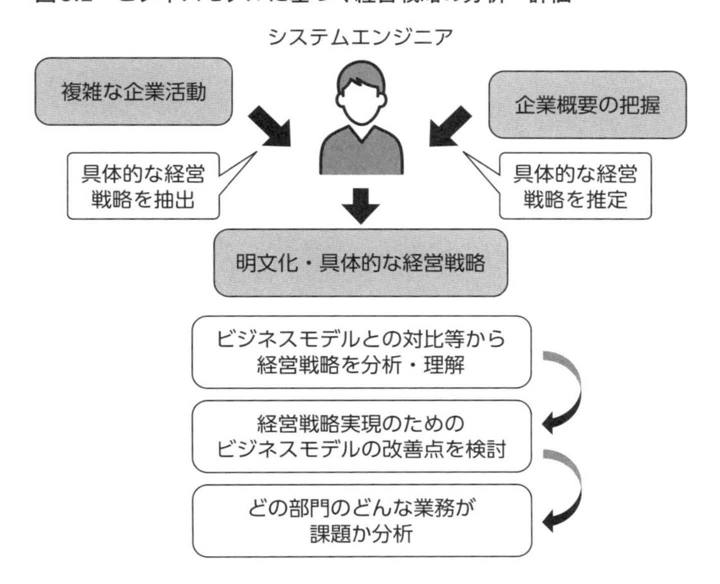

3.2.2 経営戦略が抽象的な場合

なお、経営戦略には抽象的なものが多く見られます。抽象的なケースでは、上記の取り組みの前に、経営戦略をできるだけ具体的なビジネスモデルの項目に関連付けて理解しなくてはなりません。さらに、ビジネスモデルのどこが改善の対象になるか見当を付けます。ここまで経営戦略を具体化できれば、後は、明文化された経営戦略と同じ手順となります。

3.2.3 経営戦略が明らかでない場合

多くの中小企業では、経営戦略が明らかになっていません。さらには、経営層の頭の中にしかないことも珍しくはありません。

このような場合でも、将来どのような企業になりたいか把握していくことはある程度有効です。できれば、経営層から企業の目指す方向等を聞き出せれば良いでしょう。そのような機会がない場合は、ホームページ等である程度推測してください。

また、話し合えるチャンスがあれば、あなたが推測した企業の目指す方向について確認してください。企業の戦略的なものをある程度捉えられれば、以降は先に説明した手順を実施してください。

3.2.4 経営課題を把握する

以上が、経営戦略実現のための、業務上の改善課題の把握の方法です。経営課題の扱いについても基本は同じです。

経営課題は、通常システム企画の依頼時にある程度企業から提示があるでしょう。しかし、この経営課題が当該企業にとって真の課題とは限りません。提示された課題を理解し、ビジネスモデルと併せてチェックし、真の課題を深堀りしなくてはなりません。

とはいえ、まだヒアリングや詳細の調査をしていませんので、適宜話し合いや調査を進めながら課題を絞ります。後は、経営戦略とほぼ同様の手順で進めてください。

当然のことながら、経営課題は提示されたものがすべてとは限りません。ヒアリングで新たな課題が提示されることや、調査を進めると浮かび上がってくる課題もあります。それらを含めて課題を整理してください。

3.2.5 注意点

企業や経営層から当初提示された経営課題には、必ず、その対応をシステム企画に組み込んでください。大したことがない課題であっても、顧客の依頼を無視するとしこりを残します。

もう1つ、経営戦略や経営課題の扱いで注意すべき点があります。経営戦略が明文化されている場合、対外的な宣伝の意味も含まれていることが一般的です。有価証券報告書などは、公開されているだけではなく、投資家を対象としているため長所を強調して記載されています。就職時に作成する履歴書も、嘘は書きませんが、できるだけ高評価を受けるように長所を強調して作成することと同じです。

3.3 解決すべき経営課題の対象範囲

ここまでで、経営戦略の実現方向や経営課題の改善の方向が見えてきました。次はその経営戦略の実現案や経営課題の解決案を検討しなくてはなりません。

検討段階でさまざまな課題が出てくると思います。そして、その課題の解決方法も多様です。経営層や部門責任者の考え方を変える案もあるでしょう。また、部門担当者の業務スキルを向上させることもあるでしょう。非協力的な従業員が多い企業では、企業風土も変えなければならないでしょう。

しかし、顧客企業から依頼された仕事はシステム企画です。したがって、企業活動すべてではなく、システムで改善できること、およびシステムを中心とした業務が対象範囲になります。

システム化の目的は、企業の業務を一部自動化し、それを従業員が活用して企業を発展させるように業務を改善することです。そのためには、「システムの機能」「従業員の取り組み」、そして「新システムを活用して処理する業務ルール」がシステム企画の対象となります。つまり、企業活動すべてではなく、システムを骨格としたビジネスプロセスが改善の対象なのです。ビジネスプロセスを、経営戦略が実現できるように、経営課題が解決できるようにすることです。

要するに、**システム企画の対象は企業経営のすべての面ではなく、またシステム機能だけでもなく、ビジネスプロセスの改善**なのです（**図3.3**）。

図3.3　解決すべき経営課題の対象範囲

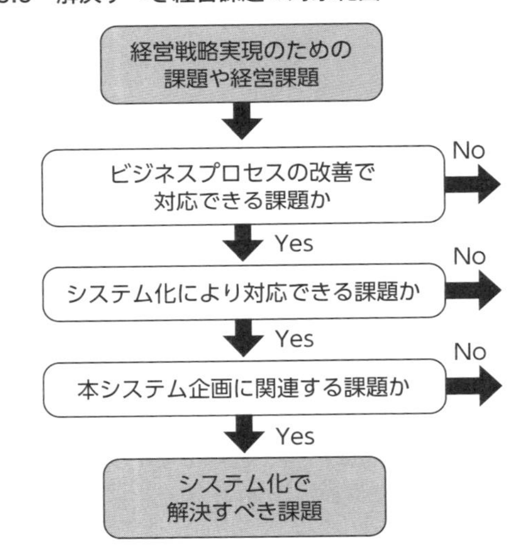

3.4 解決すべき経営課題の特定とシステム企画目的の明確化

3.4.1 システム企画で対処すべき課題かどうか検討する

「3.2　ビジネスモデルに基づく経営戦略や経営課題の分析・評価」において、経営戦略実現のための課題、提示・抽出された経営課題が把握できました。

次は、把握された経営課題について、解決すべき経営課題の範囲か否かを検討します。ユーザーの考え方や企業風土を変えるような改善策は、システム企画にはなじみません。ビジネスプロセスの改善で対応するべき「経営戦略実現のための課題」、「提示・抽出された経営課題」に絞り込みます。

絞り込んだ課題を、依頼されているシステム企画との関係や課題の緊急性で識別します。改善方法が本システム企画と大きく異なるものや、長期間にわたり取り組むべきものは対象外とします。これにより、本システム企画において解決すべき経営課題の特定ができます。

3.4.2 システム化の目的を整理する

次は、課題解決のキーとなるビジネスプロセスや対象業務について検討します。その課題は何が原因か（どの部門の何の業務が関係しているか）、また、どのように改善すべきか（どの部門のどの業務がどのように変われば良いのか）です。

業務改善対象の目処が付けば、その業務改善にシステムがどのような役割を果たさなければならないかを検討します。それを検討・整理したものがシステム化の目的です。これで、経営戦略の実現、および経営課題の解決のための業務改革とそれを支援するシステム化の目的を整理したことになります。

しかし、まだ詳細な調査を行っていませんので、ここでは、「改善の対象業務」「改善を支援するにはシステムに何が求められるか」の目標設定レベルのものです。

ITベンダーの場合、顧客企業からの依頼時に大枠は決められていると思います。ただ、言われた通りではなく、上記のように調査等を行い顧客の依頼を精査する必要があります。顧客によって、依頼内容の適正さは大きく異なります。しかし、たとえ依頼があやふやであっても、システムが稼働し顧客の期待する改善が実現しなくては顧客は満足しないでしょう。

3.5 経営戦略や経営課題、システム化の方向について経営層と認識を合わせる

以上で、経営戦略の理解と戦略実現のための経営課題、その課題解決のため

の業務改善対象、さらに、業務改善を支援するシステム化の目的が把握できました。経営課題についても同様に整理できたと思います。

それらを整理し、経営層に対する説明資料を作成してください。経営層への説明や話し合いの機会は得にくいと思いますが、極力チャンスを見つけ、下記の点について、経営層と共通認識が持てるように努力してください。

- 事前に把握したビジネスモデルや経営戦略、経営課題について、経営層と質疑を行い、経営層が抱える真の課題を明確にする
- 経営課題が特定された後、経営層に対し、課題に対する解決策を議論する
- その解決策に効果的なシステム化の目的を提案する
- 以上の話し合いを整理し、経営戦略の実現と経営課題を解決できるシステム化の目的を提案する
- 経営層と経営戦略、経営課題、そしてシステム化の方向性について共通の認識を持てるようにする

Column 資料調査の仕方

企業調査に有効な資料にはさまざまなものがあります。資料別に基本的な調査の仕方を説明します。

会社案内・企業ホームページ・製品・サービス案内など

企業にもよりますが、どのような業種（扱っている商品や提供しているサービス）や業態（ビジネスのやり方）かがわかります。そして、下記の項目もある程度把握できるでしょう。

- 企業の基幹業務は何か
- 企業の規模（売上高や従業員数から）
- 企業の活動エリア（所在地などから）
- どの程度のIT投資ができるか（収益がわかれば推測できる場合も）
- どのような商品やサービスを扱っているか
- どのような商品やサービスに力を入れているか

- どのような販売方法をとっているか
- どのような生産活動を行っているか
- どのような活動をして現在の企業になったか（企業沿革から）
- 企業の向かう方向性（経営方針や経営理念から）

「製品の作り方」「販売の仕方」が企業の基幹業務になります。そしてその基幹業務をサポートするのが基幹業務システムです。企業沿革からは、企業グループや関係の深い企業などがわかることもあります。

明文化された経営戦略・経営計画書など

経営戦略や経営計画書などが入手できればベストです。ただし、経営戦略が作成されていない企業、開示してくれない企業もあります。1年間の計画である経営計画書などはさらに具体的な活動であり、開示されるかは顧客次第です。

また、経営戦略は経営層の頭の中にある場合や、聞き出せたとしても漠然とした考えの場合もあります。詳しくは第7章をご覧ください。

書籍やネット記事等

時間がかかりますが、対象企業の業界や業務の概要を理解するには有効です。大きな案件や受注競争中であれば、業界知識を持っていれば競合ITベンダーと差別化できるかもしれません。業界や業務の課題を理解していれば、専門的な経営課題の説明を受けてもある程度理解できます。また、業界用語を理解していれば、あなたがITの専門家だけではなくビジネスの専門家という印象を与え、信頼度が上がるでしょう。1冊を流し読みするだけで十分ですし、役に立つと思います。

有価証券報告書

上場企業は有価証券報告書の作成を義務付けられており、「有価証券報告書 〇〇株式会社」で検索すれば閲覧できます。ただし内容は膨大で、システム企画と関係の薄い事項も大量に記載されています。したがって、会社案内等の説明で挙げた調査項目に絞って調査してください。

図3.4は、ある上場企業の有価証券報告書の目次です。記載の大項目は各社共通です。この会社も137ページと膨大です。しかし、システム企画に参考になる第1章と第2章は合計で28ページです。当該部分をざっと目を通す価値はあるでしょう。

図3.4　有価証券報告書の目次例

目次
第一部　企業情報
第1　企業の概況
1. 主要な経営指標等の推移　→儲かっているか、成長しているかなど、財務状況がわかる
2. 沿革　→会社の歴史がわかる
3. 事業の内容　→どのような事業をしているかわかる
4. 関係会社の状況　→どのような関係会社があるかわかる
5. 従業員の状況　→従業員数等がわかる
第2　事業の状況
1. 経営方針、経営環境及び対処すべき課題等　→経営方針、経営環境や課題等がわかる
2. 事業等のリスク　→事業等のリスクがわかる
3. 経営者による財政状態、経営成績及びキャッシュ・フローの状況の分析
→経営者の自社の経営に対する評価がわかる
4.経営上の重要な契約等
5.研究開発活動
第3　設備の状況
(詳細省略)
第4　提出会社の状況
(詳細省略)
第5　経理の状況
(詳細省略)
第6　提出会社の株式事務の概要
第7　提出会社の参考情報
(詳細省略)
第二部　提出会社の保証会社等の情報
[監査報告書]
[内部統制報告書]
[確認書]

業種や業務のパッケージソフトの概要等

これらのパッケージソフトの概要がわかるものは参考になります。これまでの資料は経営面から見たものですが、これはシステムの機能面から当該企業の

分析やTo-Beを検討するうえで参考になる資料だと思います。ただし、入手するのはなかなか難しいです。

現行システムの企画書等

現行システムの企画書等は、言うまでもなく極めて重要です。皆さんはこれらの分析のプロだと思いますので、本書では省略します。

なお、会社案内書やホームページなどは対外的なものであり、宣伝の要素が強いものです。したがって、嘘は書いてありませんが、あくまでも表面的なものとして捉える必要があります（もちろん本当のことも書いてありますが）。

3.6 視点1：事業概要のビジネスモデルによる把握

【目的】

企業全体を概観するため、「顧客は誰か」「顧客にどのような価値を提供するか」「どのようにしてその価値を提供するか」「なぜそれが利益になるか」を把握します。それを元に、企業の経営戦略や提示される経営課題を分析・評価します。

そして、真に解決すべき経営課題を特定し、その課題を解決すべくシステム企画の目的を明確にします。

全社または事業部レベルの経営課題やその解決のためのシステム化の方向について、経営層と認識を合わせます。

【資料調査】

下記の資料等を調査します。

- 会社案内書、ホームページ等の資料調査：業種、業態、基幹業務、収益、従業員数、所在地、製造形態や販売形態、企業沿革など
- 製品やサービス案内書：企業活動の根幹は製品の製造やサービスをどのように行っているか＝製品の作り方、販売の仕方＝基幹業務
- 業界に関する書籍やネット等での調査
- 有価証券報告書（上場企業）
- 明文化された経営戦略、経営計画書など（入手できればベター）
- 現行システムの企画書等

調査により、「顧客は誰か」「顧客にどのような価値を提供するか」「どのようにしてその価値を提供するか」「なぜそれが利益になるか」を把握します。

- 顧客は製品やサービスから推測
- 製品やサービスの内容、長所、短所
- ビジネスプロセスの内容、長所、短所
- どこ（製品、サービス、営業方法）に利益の根源があるか推測

以上の資料調査によりビジネスモデルのイメージをつかみます。

【ヒアリングおよび調査・分析】

経営層や経営企画室等からは、「顧客」「提供する価値」「ビジネスプロセス」についてヒアリングします。それを踏まえて、経営戦略、経営課題等について聞き出します。作成したビジネスモデルを元に経営戦略を理解し、ビジネスモデルと矛盾しないかなどを分析します。

次に、その経営戦略を実現するにはビジネスモデルのどこをどのように変えるべきか検討します。さらに、ビジネスモデルの改善を実現するには、どの部門の業務が対象でどのような課題があるか推測します。

このような検討により、経営戦略実現のための業務上の改善課題を把握できます。経営課題の扱いについても基本的には同じ方法です。

3

検討段階でもさまざまな課題が出てくると思いますが、顧客の依頼はシステム企画です。したがって、ビジネスプロセスの改善で対応できる課題か、システム化により対応できる課題か、本システム企画に関連する課題かで、さらに課題を絞り込みます。

課題の特定後は、そのビジネスプロセスや対象業務について検討します。その課題は何が原因か（どの部門の何の業務が関係しているか）、また、どのように改善すべきか（どの部門のどの業務がどのように変われば良いのか）です。

業務改善の対象の目処が付けば、その業務改善にシステムがどのような役割を果たさなければならないか検討します。

以上を検討・整理したものがシステム化の目的です。しかし、現段階では詳細な調査を行っていませんので、ここでは、改善の対象業務と改善を支援するにはシステムに何が求められるかの目標設定レベルのものです。

なお、本手法では現状調査の前段階で行うことにしていますが、経営層とのコンタクトが取れなければ、現状調査に含めても良いでしょう。

【成果物：ビジネスモデル】

資料調査とヒアリング等を元に「顧客は誰か・顧客にどのような価値を提供するか・どのようにしてその価値を提供するか・なぜそれが利益になるか」の現状・課題・改善の方向を把握します。さらに、経営層等の課題、希望、ポリシーも把握します。

それをビジネスモデルの表に記入します（**表3.2**）。調査を進めることにより修正があれば適宜見直します。これで企業の概要が把握できるでしょう[注3.1]。

表3.2　成果物の例：ビジネスモデル

項目	内容
顧客は誰か	

次ページへ ↗

注3.1　ビジネスモデルでは、「消耗品パターン」「継続課金パターン」「マッチングパターン」「フリーミアムパターン」「二次利用パターン」「シンプル物販パターン」「小売パターン」「広告パターン」「合計パターン」「ライセンスパターン」の10の基本パターンが公開されています。業種により参考にしても良いでしょう。

顧客にどのような価値を提供するか	
どのようにしてその価値を提供するか	
なぜそれが利益になるか	
経営層のポリシー(こだわり)	

経営課題一覧

対象を整理できれば形式は問いません。下記の表は整理の仕方の例として見てください(**表3.3**)。

表3.3 成果物の例：経営課題の一覧表

課題分野	課題内容	課題の識別	解決のための業務課題	システム化の目標
経営戦略1	他社を凌駕する迅速で正確な納品をしたい	対象	顧客の依頼に迅速に納期回答するため、受注事務、在庫確認事務、納期回答事務を見直す。ネック工程があれば課題を深堀りする	受注システム・在庫管理システム・納期回答システムを改善し、納期回答が迅速・正確に行えるようなシステムとする
			納品をより迅速化するため、受注事務・出荷指示事務・ピッキング指示事務・配送指示事務を見直す。ピッキング作業・出荷作業を見直し、迅速に作業ができるようにする。さらに、配送指示や配車・配送ルート等も総合的に見直す	受注システム・出荷指示システム・ピッキング作業支援システム・出荷作業支援システムを改善し、迅速に納品できるようなシステムとする。また、配送ルートや配車などAIを用いた最適配送システムを構築する
			在庫補充業務を見直し、適正在庫を確保し、欠品を防止する。さらに、事務処理・現品の扱い等の工程を見直し、ミスを防止し、誤納品を起こさないようにする	在庫補充システム・在庫管理システムを改善し、適正在庫が確保できるようにする。受注システム・出荷指示システム・ピッキング作業支援システム・出荷作業支援システムを改善し、ミスを防止できるようなシステムとする
経営戦略2	(省略)	対象外	–	–
経営戦略3	(省略)	対象	(省略)	(省略)
顧客企業提示の経営課題1	(省略)	対象	(省略)	(省略)

顧客企業提示の経営課題2	(省略)	対象	(省略)	(省略)
その他の経営課題1	(省略)	対象	(省略)	(省略)
その他の経営課題2	(省略)	対象外	−	−

【協議・説明・承認】

難しいかもしれませんが、経営層と面談の機会があれば、できるだけヒアリングや意見交換をしてください。

経営層やシステム企画依頼の窓口責任者等から「顧客・提供する価値・ビジネスプロセス」を踏まえて、経営戦略、経営方針、経営課題等を聞いてください。さらに、経営課題に対する解決策の議論やその解決策に効果的なシステム化の目的も協議してください。

このような話し合いを整理し、経営戦略の実現と経営課題を解決するためのシステム化の目的を提案し、システム化の方向性について共通の認識を持てるようにします。

なお、本手法では現状調査の前段階で行うこととしていますが、場合によっては現状調査に含めても良いでしょう。

3.7 演習

ビジネスモデルについて慣れるために、皆さんの会社あるいは皆さんがよく知っている会社のビジネスモデルを作成してください。ただし、皆さんがすでに認知している知識は除き、公開されている、または容易に入手できる資料だけで作成してください。

ビジネスモデルの作成に慣れるとともに、公開資料と現場の実態が異なることにも気が付くでしょう。企業を外から見ると、なかなか実態がわからないものです。

ヒアリング部門を選定する

業務の実態や業務課題を正確に捉えるうえでは、現場担当者や部門責任者へのヒアリングが欠かせません。プロジェクトの目的に合ったヒアリング対象部門やヒアリング対象者はどのようにして選定すれば良いのでしょうか。ここでは、第3章で把握したビジネスモデルの視点から、組織図や職務分掌規程等を活用してヒアリング対象部門／対象者を選定する際のポイントについて解説します。

4.1 組織図を活用したヒアリング部門の選定

4.1.1 システムの改善はビジネスプロセスを改善すること

ビジネスモデルにより企業の概要が把握できました。対象企業がどのような顧客を相手にし、どのような価値を提供し、どのようにしてどれだけ儲けているかということの概略がわかったこと思います。

ビジネスモデルの「どのようにして提供するか」はビジネスプロセスに現れます。システム化は、そのビジネスプロセスを改善するものです。IT戦略を立案するだけでは何も変わりません。IT戦略を具体的に実現するには、ビジネスプロセスに反映させなければならないからです。そのビジネスプロセスの改善を支援するのがシステムです。

ビジネスプロセスは具体的には各業務で捉えます。したがって、ビジネスモデルが把握できたならば、次にビジネスプロセスの体系、すなわち業務体系を把握します。

4.1.2 組織図を活用してヒアリング部門を選定する

ビジネスモデルとヒアリング部門を結び付けるには、企業の組織図を使います。組織図には、一般的に部門が階層構造で表現されています。組織図に人数が記載されていない場合は、構成員数も把握しましょう。

組織図の名称からは各部門の役割が、構成員数からは重要度や業務量が推定できます。同時に、質問事項や課題が浮かび上がってくると思います。またどこの部門のどのような人にヒアリングすれば良いかもわかってくると思います。それに基づいてヒアリング対象者の要望を顧客企業に依頼します（ポイントは後述します）。

ヒアリングは実態を知らない人から聞いても意味がありません。プロジェクトの目的に合った、実態を述べられる人を選ばなければなりません。

ヒアリング部門が決まったら、各業務をビジネスプロセスに沿って、「顧客は誰か」「顧客にどのような価値を提供するか」「どのようにしてその価値を提供するか」の視点でヒアリングの質問項目を準備します。

なお、新規事業の場合でも、現状業務の延長線上であれば本章を参考にしてください。まったくの新規事業であれば、本章のように細かく調査する必要はありません。

4.1.3 ヒアリング対象者を選定する

ヒアリング部門が決まったら、次はヒアリング対象者の選定です。ヒアリングは、経営階層によってそのポイントは異なります。階層別のヒアリングポイントを次に示します。

経営層や経営企画室等

経営層や経営企画室等からは「顧客」「提供する価値」「ビジネスプロセス」を踏まえて、経営戦略、経営方針、経営課題等についてヒアリングします。また、経営層の目指す企業の在り方、現状への不満、改善したい事項について聞き出します。

各部門の責任者

各部門の責任者からは、具体的に「顧客」「提供する価値」「ビジネスプロセス」「課題」についてヒアリングで把握します。とくに、部門責任者の期待する部門の在り方、現状への不満、改善したい事項について聞き出します。

各部門の担当者

各部門の担当者からは、部門担当者の業務の仕方を詳細にヒアリングします。さらに、困っていること、改善してほしいことなども聞き出します。また、経営戦略の実現や経営課題の解決のために当該部門が果たす役割の点からもヒアリングします。

企業によっては、業務担当者と事務担当者が分かれていることがあります。その時は、業務担当者には業務上の課題や希望、事務担当者には詳細な事務処理とその課題・希望にそれぞれ重点を置いてください。事務処理を担当している人には、システム上の課題や希望も聞いてください。

ヒアリングのポイントは、このように対象者によって異なります。システム企画の対象業務に応じて、各部門の「どのような業務をしている人から」「どのようなことを聞きたいのか」の視点で検討し、顧客企業に人選を依頼してください。

4.2 視点2：組織図活用によるヒアリング対象の選定

【目的】

顧客からのシステム企画依頼事項を元に、把握したビジネスモデルの視点で組織図を活用し、現状調査の対象部門を選定し、業務実態把握の調査準備を行います。

【資料調査】

組織図で組織の概要を把握し、各組織の職務分掌規程等を調査し、ヒアリング対象部門等の選定を行います（**図4.1**）。

図4.1　組織図の例

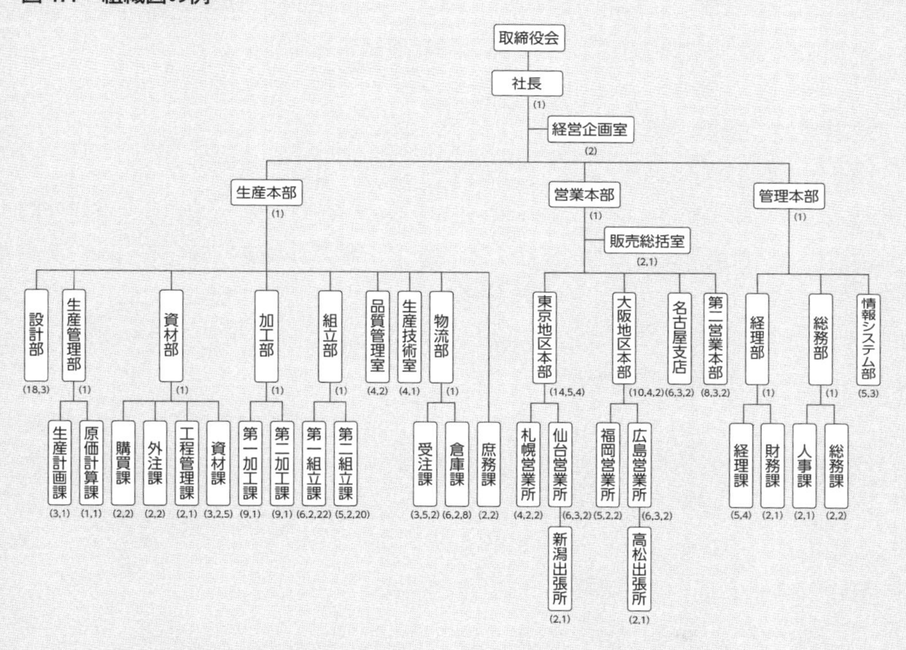

ヒアリング対象部門等の選定のポイントは次の通りです。

現状調査の対象部門の選定

システム企画依頼事項により、「企業全体」「事業部門全体」「販売・生産・物流等の企業内の関連部門」「特定部門全体」「特定部門の特定業務等」のように分けられるでしょう。

対象範囲

システム企画依頼事項にもよりますが、対象をある程度大きく設定することが重要です。多くの課題は当該部門だけでは解決できないことが多いからです。

直接の関連部門だけではなく周辺の部門も簡単にヒアリングしてください。また、重要な業務は、必要に応じて部門の中の「課単位」「係単位」まで行います。複雑なケースでは、必要に応じて選択単位をさらに細分化してヒアリングを行うことも必要です。

調査対象部門は、基幹業務の場合、システムが扱うビジネスプロセスが横ぐしで部門を貫いているため、その流れで対象部門を判断してください。

管理部門の扱い

管理部門である経理、人事、総務は、一般的に基幹業務とビジネスプロセスが異なるため、ヒアリングの対象外とすることがあります。ただし、経営判断に重要な月次決算の主要なデータとなる売上、仕入、在庫、(製造原価) のデータの連携についてはヒアリングが必要です。

中小企業における注意事項

中小企業の場合、組織名称と実際の業務分担が異なることは珍しくありません。組織に業務が付くのではなく、人に業務が付くのです。したがって、部門ごとに単純にヒアリングすると、調査の漏れが生じることがあります。

情報システム部門からのヒアリング

当然のことながら、情報システム部門からも現行システム等についてヒアリングします。

【ヒアリング対象者の選定】

ヒアリング対象者は経営階層により、経営層、各部門責任者、各部門担当者 (業務担当者、事務担当者) に分けられます。そして、ヒアリングのポイントは対象者により異なります。システム企画の対象業務に応じて、各部門のどのような業務をしている人からどのようなことを聞きたいか検討し、顧客企業に人選を依頼します。

【成果物：ヒアリング対象部門、対象者の選定】

顧客企業へのヒアリング依頼を元に、顧客企業と調整のうえで、ヒアリング部門やヒアリング対象者を選定します。

4.3　演習

4.3.1 演習内容

下記組織図の企業から、全社を対象としたシステム企画の依頼を受けたとします。同社は下水道バルブ専業の卸売業です。ヒアリング対象の部門と、当該部門でどのような職位の人にヒアリングするかを選定してください。

- **①株式会社Xの概要**

  資本金：5億円
  授業員数：378名
  本社所在地：東京都
  業績：売上高 300億円
  　　　売上総利益 20億円
  　　　営業利益 5億円

- **②組織の概要**

  演習企業の組織図を簡素化して**図4.2**に示します。かっこ内は部門の人数です。

図4.2 演習企業の組織図

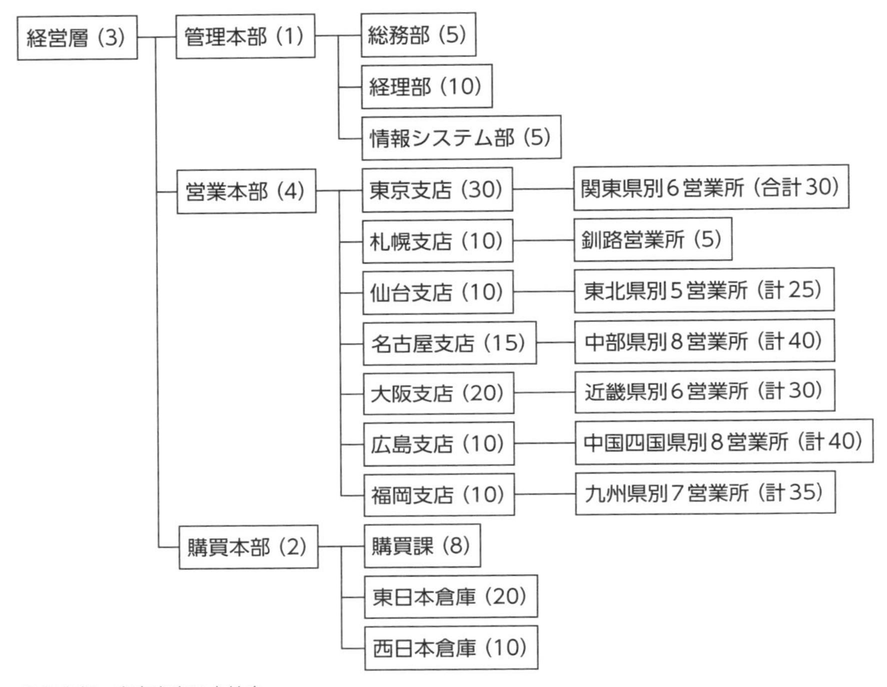

※各本部、東京支店は本社内
※親会社の工場は茨城県にあり、東日本倉庫および購買課も同工場内に同居。西日本倉庫は岡山市郊外
※経営企画・商品開発・内部監査等は省略

- ③職務分掌

各部門の職務は**表4.1**の通りです。

表4.1 株式会社Xの各部門の職務

部門	職務
総務部（演習の対象外）	人事と総務を担当
経理部	経理を担当。演習では基幹業務との関連のみを対象とし、経理部内部の業務は対象外。具体的には、売掛金管理、買掛金管理、回収、支払、月次決算等
情報システム部（演習の対象外）	システムの企画、運用を担当
営業本部	営業の業績管理。販売戦略や新商品開発

東京支店等	東京支店等の各支店およびその傘下の営業所の担当業務は、下水道バルブの販売。具体的には、販売予測、販売活動、受注、出荷依頼、売上、請求、回収。支店では在庫を保有するが、営業所では在庫を保有しない。管理者は業績管理も行う。営業所では同営業所の管理を行い、支店では同支店およびその傘下の営業所の管理を行う
購買本部	購買の総括管理を担当し、購買の分析等を担当
購買課	下水道用バルブの購買業務を担当。具体的には、営業からの出荷依頼を受け、倉庫に対し出荷指示を行う。欠品した場合は、営業と協議のうえ購買先に発注。営業の販売予測に基づき、購買計画を立案、発注、納期管理、購買、請求確認を行う
東日本倉庫	購買課より出荷指示を受け、ピッキング、出荷を行う。関東地方、北海道、東北地方、中部地方に存在する拠点の物流を担当。購買先より、商品の入荷、格納を行う。在庫の現品管理および実地棚卸を行う
西日本倉庫	購買課より出荷指示を受け、ピッキング、出荷を行う。近畿地方、中国地方、四国地方、九州地方に存在する拠点の物流を担当。購買先より、商品の入荷、格納を行う。在庫の現品管理および実地棚卸を行う

4.3.2 演習回答の例

ヒアリング対象者の選定はケースバイケースですが、その1つの例を**表4.2**に挙げます。社長、経理担当者、営業本部長、東京支店営業課長、東京支店事務担当者、埼玉営業所長、購買課長、東日本倉庫課長の8名（役職は一例で、部門責任者を意図したものです）とし、主要なヒアリング事項は下記です。

表4.2 演習の回答例

ヒアリング対象者	ヒアリング内容
社長	「経営戦略・経営課題・システム企画の目的」をヒアリング
経理担当者	「売掛金・買掛金・在庫評価・月次決算」をヒアリング
営業本部長	「営業戦略・営業課題・システム企画の目的」をヒアリング
東京支店営業課長	「営業事務・営業課題・改善要望」をヒアリング
東京支店事務担当者	「営業事務・営業課題・改善要望・営業所との連携事務」をヒアリング
埼玉営業所長	「営業事務・営業課題・改善要望・支店との連携事務」をヒアリング
購買課長	「購買事務・購買課題・改善要望」をヒアリング
東日本倉庫課長	「物流事務・物流課題・改善要望」をヒアリング

Column 営業部門・工場部門におけるヒアリング部門選定のポイント

このコラムでは、営業部門と工場部門におけるヒアリング部門選定のポイントについて解説します。参考にしてください。

営業部門におけるポイント

図4.3の営業の組織図例を使って説明します。

図4.3 営業の組織図例

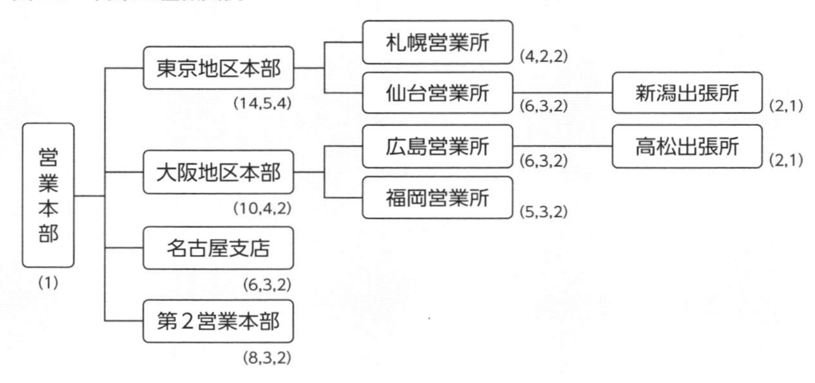

販売も、顧客等との営業と、いわゆる、日々の受発注の販売事務に分けられます。営業は、製品別や営業エリア別になっていることが一般的です。販売事務は営業部に含まれていることが多いですが、中には事務を集中して独立した部門になっていることもあります。

この営業組織は、基本的に営業エリア別の組織です。ただし、このエリアには階層があります。本部・地区本部・営業所・出張所です。とくに、出張所は規模が小さいことに留意する必要があります。場合によっては、独立した機能を持っておらず、特別なシステム機能が必要となるかもしれないからです。商物分離の流れから、営業のみで物流機能を持たないこともよくあります。

第2営業本部にも注意が必要です。営業形態が異なれば、まったく別のシステムが必要となるかもしれないからです。

社員・事務担当社員の区分ですが、仙台営業所の場合、(6,3,2) とあるのは営業マン6名、事務担当3名、パート2名です。パートは一般的に、営業ではなく事務に従事していることが多いことから、事務担当が5名と推測され、おおよその事務量が測れます。

以上のような考察から、企業にどのような機能があり、どの程度のボリュームで、事務処理はどこが担当しているかを推定するのです。これにより、ヒアリングする部門や時間が決まってくるでしょう。

工場部門におけるポイント

図4.4の工場の組織図例を使って説明します。

図4.4　工場の組織図例

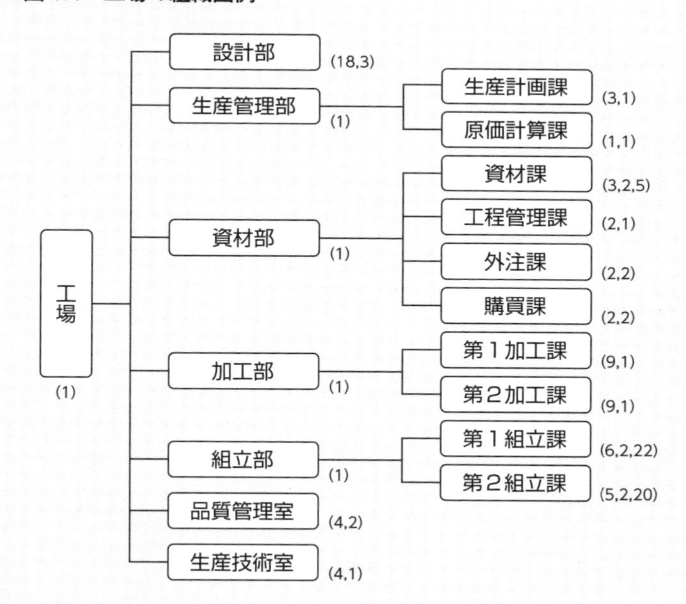

工場は、管理部門である生産管理部・資材部・品質管理室と、製造部門である設計部・加工部・組立部・生産技術室から成り立っています。

生産管理部は、生産計画と原価計算を担当しています。資材部は原材料の購買と外注管理や工程管理、さらに、原材料や半製品の在庫管理を担当しています。この2つはまさに生産管理システムの主要機能であり、確実に調査すべき部門です。

品質管理室は購入品や外注品を含めて、製品の品質維持・管理を担当します。これは、製品や企業によってその役割は異なります。システム化の観点からは、通常の生産工程にどの程度組み込まれているかが問題となります。この部門は短時間でもヒアリングしたほうが良いでしょう。

製造の設計部・加工部・組立部の機能は理解できるでしょう。設計部を除き、これらの部門はヒアリングするだけでなく、ぜひ製造現場を見る必要があります。「百聞は一見に如かず」です。

生産技術室とは、製造設備や機械の管理や製造方法を担当する部門です。システム化との関連は薄いですが、簡単でもヒアリングしたほうが良いでしょう。

この例では、社員・事務担当社員・パート等に区別して人数のみが表示されています。加工部・組立部の人数が多いですが、製造業であれば当然のことです。設計部も21名とかなりの人数が配置されており、本格的に設計から取り組んでいることが想像されます。原材料等の在庫管理を行っているのが資材課ですが、10名の要員がいることから、ある程度の在庫量があることが推測されます。

業務実態を把握し経営課題を抽出する

第４章でヒアリング対象部門／対象者を選定したら、業務実態の把握や経営課題の抽出のために実際にヒアリングを実施します。ヒアリングすべき内容は、対象となる部門や該当者の職務によっても変わってきます。もちろん、経営層にもヒアリングを行う必要があります。ここでは、業務実態や経営課題を正確に捉えるために、どのようにしてヒアリングをすべきか、何を聞くべきかなどといったポイントを解説します。

5.1 業務実態を把握する

5.1.1 既存手法に経営コンサルタントの視点を加える

ヒアリングリストを完成させ、これから具体的に現状調査や課題の把握を行い、As-Isを作成します。この作業に関しては、皆さんの会社で標準的な手法等があると思います。現状調査や現状の表記方法は、皆さんの既存手法をそのまま活用してください。

本章ではその中で、従来はシステムエンジニアの個人の能力に委ねられていた暗黙知の部分を形式知化しました。つまり、経営コンサルタントの視点から見た「どのような調査を行い、何を明らかにすべきか」です。皆さんの手法にその観点を加えて業務実態を把握してください。

調査は、業務そのものではなく、業務のビジネスプロセスを主対象とし、業務機能とシステム機能を扱います。したがって、営業の接客方法やデジタル技術面等にはあまり触れません。たとえば営業であれば、皆さんが優秀な営業マンと同様のノウハウを分析することではなく、「営業が儲けられる仕組みを企画し、営業ルールを変革し、営業を支援するシステム化」の仕組みを企画することです。

つまり、企業活動を経営コンサルタントの視点から把握・分析し、「業務のどこに問題があり、どこを改善すべきか」などの業務実態を把握します。この業務実態に基づいて、続く第6章で改善案を作成し、その改善案を支援できる業務機能とシステム機能がどのようなものかの企画に繋げます。企業実態の把握が誤っていれば、改善案もシステム企画もピントがずれたものになるでしょう。

5.2 部門別・担当者別ヒアリングシート

5.2.1 ヒアリングシートの記載項目解説

ヒアリングに際しては、質問事項等を**部門別・担当者別ヒアリングシート**に記載します（**図5.1**）。自社で類似のものがあれば、それに項目を追加してもかまいません。要は必要なことが漏れなく把握できれば良いからです。

図5.1　部門別・担当者別ヒアリングシートのフォーマット

ヒアリングシート［部門：部門名／担当者：担当者名（職位）］

	事前調査結果とヒアリング項目	（ヒアリング実施）	ヒアリング結果	ヒアリング結果の分析	最終課題
担当業務の目的					
担当業務プロセス					
ユーザーの悩みや希望					

「部門別・担当者別ヒアリングシート」の縦項目を説明します。

部門名

ヒアリングの対象部門を記載します。経営層の場合は部門名は省略し、対象者名を記載します。

担当者名

管理者や担当者等の複数からヒアリングする場合は、ヒアリングの単位でシートを作成します。担当者欄はヒアリングした職位や氏名を記載します。

担当業務の目的

企業の業務機能やシステム機能は必ず目的を持っているはずです。さもなければ無駄な業務をしている、あるいは必要な業務をしていないことになります。しかし、現実には形骸化した業務やブラックボックス化したシステムが数多く見られます。

ここでは基本に立ち返り、担当業務の目的を明確にします。当然のことながら、経営層では経営戦略レベル、管理層では競争戦略や部門管理レベル、担当者では担当業務と、目的の粒度はヒアリング対象者により大きく異なります。

担当業務プロセス

これは皆さんが得意の現状調査やヒアリングです。ここでは現状の業務機能、システム機能を把握することです。調査の過程でさまざまな課題が出てくると思います。さらに、現状の課題だけではなく、経営戦略との整合性や支援の程度も調査してください。

ユーザーの悩みや希望

これは担当業務プロセスの調査の中で出てくると思います。別枠としたのは、ユーザーの悩みや希望は理論的に解決するだけではなく、ユーザーの感情に配慮しなくてはならないことが多いからです。ユーザーの本音を引き出すようにしてください。

次に、「部門別・担当者別ヒアリングシート」の横項目を説明します。

事前調査結果とヒアリング項目

ここはヒアリングの事前調査結果を記載する項目です。また、現状調査のヒアリングの質問事項も記載します。この質問事項を元にヒアリングを行います。当該業務から出てくる質問事項だけではなく、事前調査で浮かび上がった質問も加えます。

ヒアリング結果

事前調査結果を含めヒアリング結果をまとめます。また、必要に応じて追加

図5.2 部門別・担当者別ヒアリングシートに記載すべき内容とポイント

ヒアリングシート［部門：部門名／担当者：担当者名（職位）］

	事前調査結果とヒアリング項目	（ヒアリング実施）	ヒアリング結果
担当業務の目的	・事前調査で、部門名称や職務分掌、さらにビジネスモデル等から、当該担当業務の目的を記載する	部門管理層 ・調査した目的を確認するとともに、不明な点等があればヒアリングする	・ヒアリング後、事前調査とヒアリング内容を整理し、担当業務の目的をまとめる
担当業務プロセス	・事前調査で、部門名称や職務分掌およびシステム機能等からおおよその業務機能を予測し、判明したことを記載し、さらに、現状把握のための質問事項等を列挙する。	部門管理層 ＋ 担当者 ・事前調査を元にヒアリングを行い、実際の業務機能を把握する ・質問事項は調査のきっかけに過ぎないことから、深堀りや横展開してヒアリングを行う ・なお、質問事項は調査の漏れを防止する役割もある	・ヒアリング後、事前調査とヒアリング内容を整理し、担当業務機能をまとめる ・業務フロー図、システム機能も作成する（各社で使用している表現方法とする）
ユーザーの悩みや希望		部門管理層 ・部門管理上の悩みを聞き取り ・改善希望やアイデアを把握 担当者 ・業務上の悩み（ネックや課題）を聞き取り ・具体的な改善希望やアイデアを把握	・ヒアリング内容を整理する

調査を行います。通常、現状調査で作成する業務フロー図、システム機能等も自社の手順にしたがって、別紙で作成します。

「ヒアリング結果の分析」と「最終課題」

ヒアリング結果を分析します。そして本システムで解決すべき課題を最終課題として記載します。結果の分析欄は、必要に応じて追加調査を行います。

「部門別・担当者別ヒアリングシート」に記載すべき内容とポイントを**図5.2**に示します。

	ヒアリング結果の分析	最終課題
	・ビジネスモデルや経営戦略、経営層の意向等と矛盾はないか（詳細は第6章を参照）	・確認した担当業務の目的を記述
	・現行業務機能は目的を果たしているか ・業務機能は、デジタル技術を活用し、正確化・迅速化・省力化されているか ・システムの対応範囲・支援レベル・効率化がなされているか ・現行業務機能はビジネスモデルや経営戦略、経営層の意向等を充足しているか（詳細は第6章参照）	・現行業務機能フロー等を記述（別紙） ・現行業務機能と業務目的等とが乖離しているものを課題や改善ポイントとして整理 ・課題を整理・分析し、解決すべきものを抽出・記述
	【ユーザーの悩み】 ・ユーザーの悩みは適正で、ビジネスプロセス改善上考慮すべき課題か。あるいは、部門最適や個人の既得権を守る等のユーザーのわがままではないか ・真の課題は隠れていないか（詳細は第8章・第9章参照） 【ユーザーの希望】 ・ユーザーのアイデアは正しいか。あるいは、部門最適や個人の既得権を守っているのではないか ・真の課題解決のアイデアは他にないか（詳細は第9章参照）	【悩み】 ・真の課題を整理 【希望】 ・真の課題解決のアイデアを整理

5.3 視点3：業務実態（As-Isモデル）の徹底的な把握

【目的】

事前調査およびヒアリング結果に基づいて、各部門はどのような業務を行い、どのような機能を受け持ち、かつ、どのような改善点や課題があるか把握します。とくに、業務の標準化のレベル、経営層の本音、従業員の本音を探り、真の課題や改善点を把握します。

経営層へのヒアリング

経営層のシステム、業務実態、経営戦略に対する理解度を踏まえて、具体的な変革の方向を探り出します。

従業員へのヒアリング

課題を、業務上解決すべきものと、解決が不要な従業員のわがままや部門最適の課題に選別することが重要です。従業員のわがままや部門最適の課題は、そのまま放置せず説得し、極力従業員の納得を得るようにしてください。どうしても強硬に主張する場合は、経営層の支援を仰ぐことも必要です。

業務実態把握はシステム企画の出発点であり、これを誤るとシステム企画自体の失敗に繋がりかねません。

【「部門別・担当者別ヒアリングシート」の準備】

「部門別・担当者別ヒアリングシート」に質問項目を検討して記入します。下記資料も参考に、現状調査の目的・業務の実態・確認すべき事項・懸念される事項・想定される課題等について質問事項を記載してください。

職務分掌規程（各部門の業務範囲や権限・責任を記載したもの）

職務分掌規程があれば参考になります。「規程」は各業務の基本的な処理を規程したものです。つまり、業務機能ルールが記載されているものであり、本来ならば極めて有効な資料のはずです。しかし、ほとんどの規程が概論や方向性を述べているだけのものです（逆に言えば、稀に参考になるものがあります）。

現行システム（システム要件定義書・システム設計書・オペレーションマニュアル等）

現行システムの調査については、皆さんは専門家だと思いますので省略します。

さらに、下記資料も各部門との関連で再度精査してください。

- 会社案内書、ホームページなどの資料
- 製品やサービス案内
- 有価証券報告書（上場企業）
- 経営戦略書、経営計画書など（入手できればベター）
- 業種別パッケージソフト（入手可能な場合）
- 業種や業務に関する書籍
- 業界に関する書籍やネット等での調査

資料調査結果を元に、担当業務の目的や判明したことを「部門別・担当者別ヒアリングシート」の「事前調査結果」欄に暫定的に記載します。さらに、現状把握のための質問事項等を列挙します。ただし、この段階でわかる範囲でかまいません。基本的にはこれが、現状把握、課題発見の糸口、「To-Be」モデルへのヒントとなるものです。

【ヒアリングの実施】

①階層別ヒアリングの留意点

企業の構成員は階層によって考え方や関心が大きく異なります。したがって、構成員への階層別のヒアリングポイントを踏まえておくことは重要でしょう。

企業組織を階層で大きく分けると、「経営層・事業本部長層」「部門管理者（部長・課長など）」「担当者層」の３階層に分けられます。

「経営層・事業本部長層」は部門単位ではなく、その上位の全社単位または事業単位等でヒアリングを行い、経営戦略や経営課題についてヒアリングします。

「部門管理者層」は、部門全体の役割や課題についてヒアリングします。とくに、部門に成果目標やノルマ等がある場合はよく聞いてください。

「担当者層」も、営業や生産等の業務担当と事務担当が分かれている場合は、必要に応じて双方からヒアリングします。「担当者層（業務担当）」からは具体的な業務プロセス、業務上のネック、改善希望等をヒアリングします。「担当者層（事務担当）」からは具体的な業務機能やシステム機能、業務やシステム上のネック、改善希望等をヒアリングします。

このように部門別のヒアリングも、対象者の階層によって質問の重点を調整します。

②ヒアリングの実施

基本的には皆さんの企業で使用している手順で行い、「部門別・担当者別ヒアリングシート」のヒアリング項目を含めて実施してください。

「担当業務の目的」は、部門管理者や部門担当者に調査した目的を確認するとともに、できるだけ共通認識を高めてください。

「担当業務プロセス」は、ヒアリング項目を元に担当者にヒアリングを行い、実際の業務プロセス内容を把握します。

質問事項は調査のきっかけに過ぎないことから、深堀りや横展開してヒアリングを行います。なお、質問事項は調査の漏れを防止する役割もあります。ヒアリング等でシートに記載していない業務が引き出されることはしばしば発生しますが、十分に調査してください。

「ユーザーの悩み」は、担当者に業務上のネックや課題を聞き取ります。部門管理者には部門管理上の課題を聞き取ります。

「ユーザーの希望」は、担当者に具体的な改善希望やアイデアを聞きます。部門管理者にも改善希望やアイデアを聞きます。

③その他の留意点

•知っている人にヒアリング

現場で実務を担当している人にヒアリングします。当然業務を知っているはずです。ところが、中には言われたままに業務をしており、業務の目的を知らない人もいます。しかも、担当部門を代表してヒアリングに応じている場合に、知らない、わからないとは言えず、適当に答える人がいます。相手が適当に話していないか注意が必要です。

•ブラックボックスの可視化

現在では多くの業務がシステムで処理されており、データを入力すれば答えが出てきます。どのようにシステム内で処理されたかわからないのです。また、システム設計書の変更記録があいまいなこともあります。いわゆるブラックボックス化です。

このような場合、十分な調査が必要です。また、業務の目的とインプットデータ、アウトプットデータからシステムの機能を推測することも試みてください。

•ヒアリングは売り込みの場

経営層も従業員も、社外のシステムエンジニアである皆さんを、必ずしも信用しているわけではありません。ヒアリングは現状調査や課題抽出の重要な場です。しかし、それだけではありません。システムエンジニアである皆さんの能力の見せ場なのです。

事前に十分に「部門別・担当者別ヒアリングシート」を作成しておけば、当該企業の概要や課題もおぼろげながら把握できているでしょう。また、業界や業務を少し調べておけば、かなり専門的なことでもある程度理解できるでしょう。

ヒアリングを通じて、経営コンサルタントの視点も発揮してください。そうすれば、ビジネスに精通したシステムエンジニアと受け取られるでしょう。そして、皆さんへの信頼が増し、システム企画プロジェクトへの協力者も増えるでしょう。ヒアリングは生で従業員とコミュニケーションをとる絶好のチャンスなのです。

それでもわからないことはいくらでも出てきます。それは当該企業の固有の事項などです。これは社外の人にはわからなくて当然です。その部分は確実に調査・把握しましょう。

とくに、従業員の不満や不安について丁寧に聞き取りましょう。皆さんが、諦めていた不満を解決してくれるかもしれない人だと期待されるかもしれません。

【ヒアリング結果欄の記入】

「担当業務の目的」は、ヒアリング後、事前調査とヒアリング結果を整理し、担当業務の目的をまとめます。

「担当業務プロセス」は、膨大な作業負担を伴いますが、事前調査とヒアリング内容を整理し、担当業務プロセスをまとめます。情報処理フローだけではなく業務フロー図も別途作成します。これは、各社で使用している表現方法を使用してください。

「ユーザーの悩みや希望」は、ヒアリング内容を整理してください。

【ヒアリング結果の分析欄の記入】

担当業務の目的

ビジネスモデル、所属部門、担当業務等からある程度何をすべきか業務の目的は推測できるでしょう。

ただし、システム化の目的は単なる効率化だけではありません。第3章では当該企業のビジネスモデルを把握し、さらに、経営戦略や経営課題を把握しました。その経営課題等を解決するには各事業部門の改善が必要でしょう。そして、その事業部門の改善には各担当者の業務の改善が必要です。この経営課題等の解決から求められる役割も果たす必要があります。また、各事業部門で発生する課題や各担当者レベルで発生する課題もあります。これらへの対応をざっと含めて担当業務の目的、すなわちTo-Beとします。

分析では、現状調査等で把握した業務実態が担当業務の目的と乖離している場合は、システム化により解決すべき対象となります。このような調査を進めていくことにより、本来の業務遂行のためだけではなく、経営課題解決案を含めて業務の役割、業務の実態、業務の課題、改善の方向がある程度見えてくるでしょう。

担当業務プロセス

現行業務プロセスは目的を果たしているか、業務プロセスは正確化・迅速化・省力化されているか、さらに、システムの対応範囲・支援レベル・効率化がなされているか分析します。また、現行業務プロセスはビジネスモデルや経営戦略、経営層の意向等を充足しているか分析します（詳細は第７章参照）。

ユーザーの悩み

ユーザーの認識は的確で、ビジネスプロセスの改善上考慮すべき課題か、あるいは、部門最適や個人の既得権を守る等のユーザーのわがままではないか分析します。また、真の課題が隠れていないかも分析します（詳細は第９章参照）。

ユーザーの希望

ユーザーのアイデアは正しいか、あるいは部門最適や個人の既得権を守っているのではないか分析します（詳細は第９章参照）。

【最終課題欄の記入】

担当業務の目的

確認した担当業務の目的を記述します。

担当業務プロセス

現行業務フロー図等を記述（別紙）し、さらに、現行業務プロセスとが業務目的等と乖離しているものを課題や改善ポイントとして整理します。

ユーザーの悩み

真の課題を整理します（詳細は第9章参照）。

ユーザーの希望

真の課題解決のアイデアを整理します（詳細は第9章参照）。

【成果物：現状調査結果】

皆さんの企業で定められているものも含め、「部門別・担当者別ヒアリングシート」および業務フロー図、システム機能等が成果物となります。

【説明・承認】

成果物を元に、現状調査や課題について経営層・従業員と認識を合わせます。なお、経営層や従業員への評価等、ユーザーに公開できない記述については当然のことながら非公開としてください。

- **現状調査結果について、事業部門長や担当者との認識のすり合わせ。とくに、現状の業務遂行上の課題や改善機能について認識を合わせる**
- **現状調査結果について、経営層との認識のすり合わせ。とくに、現状の経営戦略支援機能や経営課題やビジネスプロセス改善について認識を合わせる**

5.4 演習

いわゆる現状調査のことですが、この作業に関しては皆さんはプロだと思いますので、演習は省略します。ただし、現状調査の実施に際しては自社の現状調査の方法論に【視点3】の見方を追加し、実施してください。

5

Column 物流センター・工場見学のポイント

現場見学の意義

「百聞は一見に如かず」ということわざがあります。百回聞くよりも、一回でも自分で見たほうがよりわかるという意味です。これは企業の現場にも当てはまります。ヒアリングでは、業務や事務が整然と行われていると考えがちです。

しかしながら、現場によってはルール通りできないこともあります。顧客の要求でルールを無視しなくてはならないことも生じます。また、社内でいくら頑張っても、取引先が対応してくれないこともあります。従業員が協力してくれないことや手抜きをすることもあります。当然、従業員は口にしません。また、従業員への無理難題の指示が出されることもあります。これについても、管理者は触れません。

ヒアリングでの従業員の訴えが、業務上避けられずビジネスプロセス改善で配慮しなくてはならないことなのか、あるいは、従業員のわがままなのか判断しなくてはなりません。また、管理者や従業員が話さない課題についても把握しなくてはなりません。このような時にヒントを与えてくれるのが現場見学です。

実際にはなかなか現場見学の時間が取れないかもしれませんが、極力見学することをお勧めします。ここでは物流センター、工場の見学についてポイントを述べます。

物流センター見学のポイント

自社の場合であれば、物流センターも何度か見学しているでしょう。しかしながら、社外のシステムエンジニアの場合はそうではありません。まったく初めての業種を担当することもあります。

そして、物流センター見学を2時間程度で行わなくてはならないことも珍しくはありません。大規模な物流センターを2時間で回るとなると、駆け足で見なくてはなりません。

そこで、ここでは在庫管理システムの企画に際し、短時間の見学により物流センターのポイントを把握する方法を述べます。

物流センターは広いことが多いので、ポイントを絞って見学しなくてはなりません。見学の目的は在庫管理（倉庫）システムの設計です。流通業における商品在庫管理の機能を考えてみると、次のようになります。

①入庫（仕入）　⇒　②在庫（現品管理・実地棚卸）　⇒　③出庫（売上）

この各機能に対応するところを重点的に調査するのです（**図5.3**）。

図5.3　物流センター見学のポイント

①入庫（仕入）

入庫と同時に入庫オペレーションができるか。また、従業員が作業しながらオペレーションできる状態かなどを見てください。現物管理の点では、入荷・検収・入庫が整然と行えるようになっているか。返品など、通常の仕入以外のものが識別できているかなどです。また、検収に日数がかかる場合、未検収在庫の管理が必要かも見てください。

②在庫（現品管理）

物流センターで最も重要で基本的なことは、在庫の入出庫が、確実にシステムで捉えられるかです。つまり、入出庫が必ずシステムで処理され、従業員が勝手に持ち出せないようになっているかです。これができていないと、相当に難しい案件になるでしょう。

次に、在庫の種類や量および扱いの容易性を見ます。在庫の種類や量が少なければ、現物管理は簡単で単純になります。また、在庫の単位もチェックする必要があります。数量だけでなく、重量や長さ、ケース単位の扱い等、企業によってさまざまなものがあります。

在庫の整理・整頓の程度のチェックも重要です。これは、単純なことのように思うかもしれませんが、これは在庫管理のレベルを最もよく表すものです。物流センターの奥や隅をよく見てください。今では稀ですが、そのようなところに、古くさい在庫が放置されていることがあります。このような会社のシステム化は、苦労が多くなります。

保管場所では、コンピュータによる地番管理がどのように行われているか調査します。また、改善の余地がないかも調査します。

自動倉庫については自動化の内容をよく調査し、基幹業務システムと自動倉庫システムの連携について把握することが重要です。

冷凍倉庫など特殊な倉庫には、長時間の作業ができない等の条件が伴うところがあります。これも、システム化に重大な影響を与えます。

現場の従業員から愚痴や不満を聞いてください。思わぬヒントが出てくるかもしれません。

③出庫（売上）

出庫も、出庫指示・納品書・送り状・荷札等の事務処理や伝票が、どのように伝達・処理されているか調査します。現物管理の点では、ピッキングの作業に注目してください。とくに、シングルピッキング（オーダー単位にまとめて保管場所から出荷場所へ移動させる）と、トータルピッキング（ルート別等でまとめて商品を移動し、出荷場所でオーダー単位に商品を振り分ける）の、どちらに適しているかを調査します。

また、引当ミス等により、出荷指示を変更しなくてはならないケースの頻度や原因を、作業者から直接聞き出すことも重要です。

工場見学のポイント

ここからは、システムエンジニアが、顧客の工場を半日程度で見学する時のポイントを説明します。見学の目的は生産管理システムの設計です。そこで、生産管理システムの骨格を考えてみると、次のようになります。

①生産計画の立案
②計画に基づく原材料の購買・納期管理・入荷
③計画に基づく外注の手配・支給品の交付・納期管理・入荷

④計画に基づく各工程に対する作業指示・原材料等の投入・進捗管理・作業完了
⑤原材料・部品倉庫の入庫・出庫・現品管理
⑥製品倉庫の入庫・出庫・現品管理
⑦原価計算

このうち事務的なものは別途調査することとし、製造現場での調査ポイントについて述べます（**図5.4**）。したがって、①生産計画の立案方法や負荷の山積み、山崩し等は省略します。⑥の製品倉庫は、先述した「物流センター見学」を参照してください。また、⑦原価計算は詳細な検討が必要となるため、これも省略します。

図5.4　工場見学のポイント

②購買管理、③外注管理

②～③の機能を単純に見ると、指示・進捗管理・結果の把握となります。し

たがって、どんなものを、どこに依頼し、どの程度の期間に入手できるかということです。ここで注意を要するのは、支給品が確実に管理されているか、また、どのようなトラブル（納期遅延等）が発生するかです。

④工程管理

システムの機能としては、②③と基本的には同一です。社外の発注書は、社内では作業指示書になります。支給品が仕掛品となる、完了時点で買掛金が発生するか原価が発生するか、といった違いがあります。

しかし、社外であれば1つの工程ですが、社内では工程がいくつかに分かれます。製造現場が明確に分かれている場合もありますが、あいまいな場合もあります。

工程を大きくまとめると管理が不十分になります。逆に、工程を細分化すると、工程ごとに指示・進捗・結果のシステム処理が必要となり、極めて複雑になります。また、この区分は原価管理にも影響します。したがって、現場をよく見て、どの程度の工程の区分ならば実際にオペレーション等が可能であり、かつ、管理が有効であるかを調査します。

各工程内では、何を投入し、どのような作業を経て、何がアウトプットされるかを見ます。そして、各作業の難易度や不良発生の頻度などにも注意します。さらに、機械中心の工程か、組立のように人手中心の工程かも見ます。機械中心の工程は、機械の稼働率や故障が問題となり、人手中心の工程では、作業員の能率が問題となります。

⑤部品在庫管理

生産管理システムで意外と重要なものが、原材料倉庫や部品倉庫です。部品等の入出庫が確実にデジタル管理できる状態なのかを調査します。従業員が勝手に部品を持ち出しできるようでは、いつ部品が欠品し製造が停止するかわかりません。

次に部品等の種類や保管の状態を見ます。各部品等がコード化され、現品の数量把握が正確にできるかどうかです。原材料等の中にはネジやビスなど、数量管理の手間がかかり過ぎるものもあります。

部品倉庫等でもう1つ重要なことは、各工程との関連です。つまり、どの段階で入庫・出庫されるかです。原材料が原材料倉庫から工程に投入されれば、仕掛品になります。各工程間を動いている間は仕掛品です。加工されたものが部品倉庫に入庫されると、半製品になります。倉庫に入庫する場合は、必ずオペレーションが必要となります。

一方、工程間を移動している時は、各工程を1つの工程と見なせば、オペレーションは不要です。工程間の移動と倉庫の入出庫では、システムとしては微妙に処理が異なるのです。

なお、工場でも物流センターと同様に、現場の従業員から愚痴や不満を聞いてください。

業務の改善案を検討し システム企画書にまとめる

ビジネスプロセスの改善案を検討・確定したら、その内容に基づいてシステム企画書を作成し、承認を得る必要があります。その過程では、対象業務の絞り込みや、「As-Is」と「To-Be」モデルの比較を行い、実現可能な改善案を作成します。本章では、これまでの調査やヒアリング結果を元にシステム企画書を作成する流れや、業務機能改善を実施する際に考慮すべきポイントについて解説します。

6.1 システム企画の対象業務範囲とレベルを絞る

6.1.1 必要なシステム機能は企業やプロジェクトによって異なる

システムがビジネスプロセスのどこで、どのような役割を果たしているか分析するために、筆者は大規模なERPシステムと簡易パッケージソフトの機能を比較しました。大規模なERPシステムには導入費用が数千万円～数億円単位のSAP社「R/3」、パッケージソフトには販売価格が数万円単位のソリマチ社「販売王」を取り上げました。

調査の詳細は省略しますが、それぞれの機能を見ると、SAP R/3が提供する機能は企業独自の業務を除き一般的な業務はすべて網羅していると言えるでしょう。一方、販売王の機能は主に事務処理に限定されており、業務機能と同期化するよりも事務・会計情報の記録機能となっていました。同じ販売管理業務であっても、サービスの範囲や目的などの違いによって機能の複雑さには膨大な差異が出るのです。

当然ながら、販売王を導入することで業務を円滑に遂行できる企業もあれば、SAP R/3であっても相当にカスタマイズが必要な企業もあります。ここからわかるように、1つの業務機能を対象にしたとしても、企業やプロジェクトによってシステム機能にはいくらでも選択肢があるのです（**図6.1**）。

図6.1 SAPと販売王の販売管理システムの価格差異は1万倍

6.1.2 鳥の目・虫の目・魚の目による業務の視点

同一の業務機能に向けたシステムであっても、SAP R/3と販売王のように、システム機能には大きな差異があることを解説しました。それでは、顧客企業にとって、どのレベルのシステムが相応しいのでしょうか。これは、**鳥の目・虫の目・魚の目**で見るとよくわかります（**図6.2**）。

鳥の目：俯瞰的視点

鳥たちには、細部が目に入りません。代わりに広い視野を持っています。つまり鳥の目とは、物事の全体像を見渡す視点のことです。

システム企画で言えば、企業全体や事業部全体、さらに、ケースによっては企業環境も見るということです。つまり、対象業務だけではなく、前工程や後工程を含めて全体を見渡すことです。

虫の目：実態を見抜く視点

虫たちは、人間の目が届くことのない細かい視点を持っています。つまり虫の目とは、通常よりもはるかに細かいところを注意深く見る目のことです。

システム企画で言えば、業務の表面だけではなく、隠された実態や、経営層や従業員の本音も把握するということです。つまり、当該業務を詳細に分解して実態を把握し、必要に応じて分析することです。

魚の目：長期的な視点

水の流れや潮の満ち引きに身を置く魚は、常に流れを感じながら生きています。魚の目とは、大きく言うと、時代の変化を捉えて先を読む視点であり、小さくは、周囲の空気を読み、相手の都合などに配慮した視点を持つことです。

システム企画で言えば、経営戦略的な視点で、経営環境や将来の変化など時代の流れを踏まえた改善を行うということです。つまり、業務の現状だけではなく、将来どのような変化があるか、どのように変わることが期待されるかを推測したうえで対応することです。

図6.2　ビジネスに必要な3つの視点

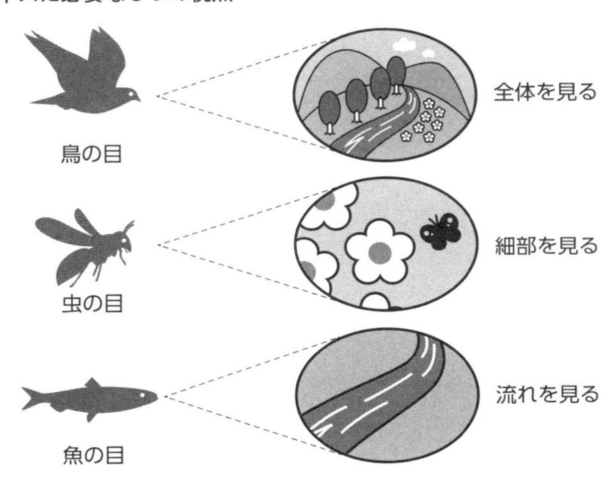

6.2 ビジネスプロセス改善の基本的視点とは

6.2.1 業務機能にはすべて目的・役割がある

当然のことですが、業務には目的があります。意味のない業務をするはずがありません。システム機能もすべて目的があります。皆さんも目的のないシステムの機能を作成するはずがないでしょう。先ほど説明したSAP R/3も販売王も、すべての機能に目的があります。

ところが、現実の企業では目的があいまいな業務機能がたくさんあるのです。従業員に聞くと「これは昔からやっている」「ルールで業務となっている」などの答えが返ってきます。「では、それは何のための業務ですか」と聞いても答えがないこともあります。

業務機能の結果は、たとえばデータを保存しておくなどですが、それが何のためかは知らないわけです。ただし、目的がわからないからといって、従業員の立場では勝手に止めることはできません。

従業員には担当業務があります。担当する業務機能を行うことで、部門や企業のビジネスプロセスの一部を担っています。しかし、すべてのビジネスプロセスを理解しているわけではありません。一般の従業員であれば、理解は自身の担当周辺になるでしょう。

従業員は、業務機能の目的や役割がわからなくても担当業務を遂行し、それで問題は起きないのです。なぜなら、企業の業務は分業化されているからです。しかし、それが極めて非効率なこともよく見られます。

6.2.2 経営課題とは業務機能と業務実態の乖離である

現状のすべての業務機能が、目的や役割に対して最適とは限りません。

これまでも述べたように、企業は変化しています。新製品を開発すれば生産・在庫・販売に影響が出るでしょう。新規の市場に進出すれば、さまざまな業務を変更しなくてはならないでしょう。また、顧客ニーズが変化していけば、営業方法や物流の機能も変化させなくてはなりません。

これらの環境変化に対応し、適切にビジネスプロセスやシステム機能を改善できている企業は多くはないでしょう。

経営課題や業務課題とは、あるべき業務機能と業務実態が乖離していることだと言えます。つまり、当初は適切な業務機能であっても、時を経ることにより、経営環境や社内の環境も変化してきます。適宜修正・改善すれば良いのですが、業務機能は通常、必要最低限の修正しか行われません。そうすると業務機能は形骸化し、本来の役割を達成できず、また、新たな環境変化にも適用できなくなっていきます。さらに、システム化の範囲やレベルも不適合となるでしょう。この状態が経営課題や業務課題となって現れます。

6.2.3 業務機能の環境変化要因

筆者は、SAP R/3と販売王の差異から抽出した機能を、業務の環境変化の要因で整理しました。環境変化が大きくなると、業務機能やシステム機能があるべき姿と乖離し、改善が必要となります（**図6.3**）。

図6.3　環境変化による業務機能の陳腐化

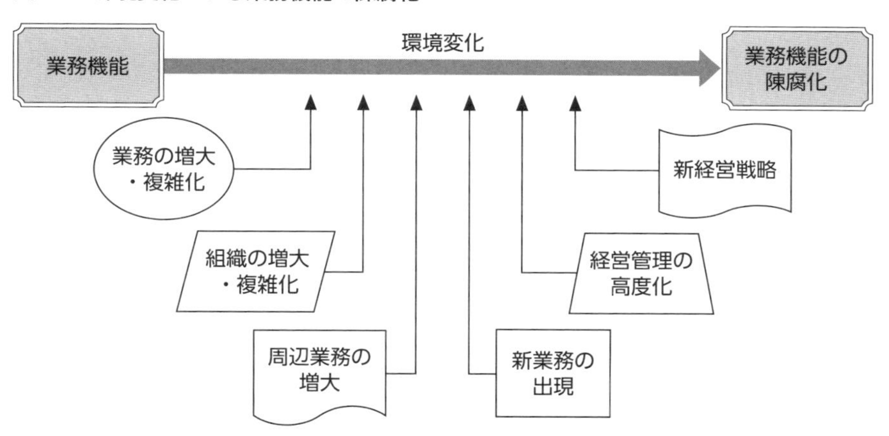

対象企業の環境変化を把握し、その要因に対し改善が必要か否か把握することが重要です。基幹業務の再構築ではとくに注意してください。顧客からは「現行システムの機能をそのままに再構築」と依頼されることがあると思いますが、それは適切な要求ではありません。

経営層のスパン・オブ・コントロールを超える業務の増大・複雑化の例

スパン・オブ・コントロールとは、直接管理・コントロールできる範囲を指す言葉です。

ベンチャー企業のA社は従業員40名程度で、社長の指示のもと全社員が効率的に働いていました。ところが新製品がヒットし、売上に応じて従業員は200名を超えるまでになりました。本社工場しかなかったのですが、出張所を福岡、大阪、名古屋、札幌に新設しました。さらに、本社を東京に移転し、工場と分離しました。

これまで社長は、全従業員の動きを把握し、適切な指示を出してきました。ところが従業員数が増加し、拠点が分散すると、把握できない分野が増大してきます。従来の「社長が直接従業員に指示する」体制ではなく、「社長⇒部門長⇒従業員」とする管理体制が必要になってくるのです。

組織の拡大・複雑化の例

B社は、企業規模の拡大に応じて、営業所を全国8ヶ所から30ヶ所に増加しました。その結果、本部から各営業所に対するきめ細かい管理が不十分となってきました。

そこで、全国の営業所を3つのグループに分け、各グループに統括営業所を設定することとしました。従来は本部と営業所でしたが、その間に統括営業所が入ることになったため、統括営業所向けにシステムのデータをExcelで加工しなくてはならなくなり、非効率な業務が生まれてしまいました。

周辺業務の拡大・複雑化の例

C社では、従来は製品を販売して終わりでした。しかし、他社との差別化をすべく、販売した製品のメンテナンスサービスも開始しました。そのサービスはシステムの対象外であったため、Excelで管理することになりました。その結果、サービス業務は基本的には人手で管理するという、非効率なものとなってしまいました。

ビジネスプロセスそのものの変化の例

D社では、新製品は試験的に工場の閑散期に生産していましたが、急速に売上が拡大しました。しかも、従来の製品は見込み生産だったのですが、新製品はその特殊性から受注生産です。つまり、見込み生産を前提とした生産計画システムに、受注生産を紛れ込ませて対応せざるを得ません。さらに受注生産が増加すれば、見込み生産用に開発された現行の生産計画システムでは対応できなくなるでしょう。

経営管理の高度化の例

E社は大企業ではありませんが、独自のニッチ市場で成功した企業です。さらなる資金調達や知名度アップを狙って株式上場することとしました。E社は、社長の天才的な経営手腕で急速に成長した企業です。社長のリーダーシップは優れており、従業員は必死に社長についていくという企業風土です。

しかし、株式上場となるとそうはいきません。上場企業は、不特定多数の人から資金を集められます。そのためには、企業活動の健全性や透明性が求められます。社長のリーダーシップだけで動く、いわゆる属人的な企業では上場できません。規程やルールに基づいて動く組織的な企業への変革が求められます。社長も含め、全従業員の働き方を変えなくてはならないのです。

他社差別化（競争戦略）

ポーターの競争戦略（コスト・リーダーシップ戦略や差別化戦略）[注6.1]などに本格的に取り組もうとすれば、当然のことながら現行業務の変革が必要になるでしょう。

6.3　業務改善の7つのヒント

ここからは、業務機能改善のヒントを説明します。なお、経営戦略については続く第7章で解説します。

6.3.1　第1のヒント：simple is best

業務遂行には、業務機能にしてもシステム機能にしても、業務の目的を充足

注6.1　『競争の戦略』／M.E. ポーター［著］／土岐坤、中辻萬治、服部照夫［訳］／ダイヤモンド社（1995年）

するならばシンプルなほうが望ましいでしょう。誰でも簡単に担当でき、早期に業務に習熟できるからです。したがって、システム企画を推進するに際し、企業の将来の動向や戦略を踏まえたうえでですが、業務機能やシステム機能の範囲やレベルを「必要十分で最小限」に定めることが望ましいとなるでしょう。simple is bestです。

役割（機能が稼働することによる効果）がないシステム機能はないと述べました。ただし、問題はその役割が形骸化していたり、必要なものが不足していたりすることです。したがって、既存の業務機能にあるからといってそのまま作成してはいけません。現行業務機能やシステム機能がその役割を果たしているか、さもなければどのように改善すべきか、あるいは廃棄すべきかを検討するのです（**図6.4**）。

図6.4　業務機能の有効性の識別

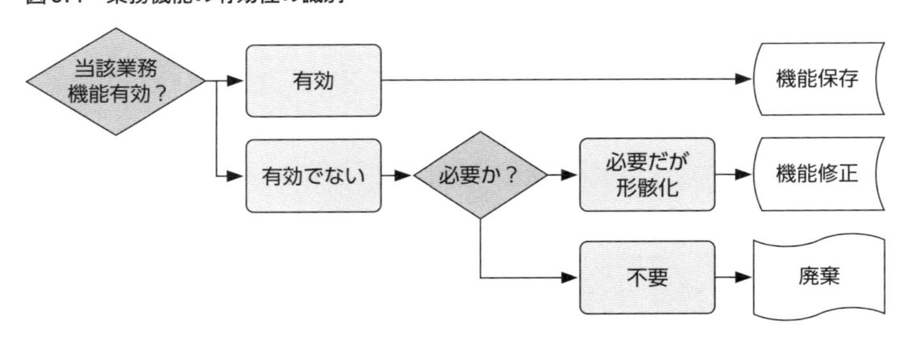

この段階では、現状調査が終わっており、また、経営課題や業務改善の方向も定まっています。つまり、To-Beを検討している段階です。したがって、ある程度見えているTo-Beと当該業務が果たす目的との整合性から、有効に機能しているか、あるいは、業務機能は必要だが本来の目的を果たすには機能的に不十分か、または、当該業務機能はTo-Beを志向するに際しては不要かということで判断するということです。

なお、基幹業務の再構築では、ブラックボックス化した機能が散見されると思います。従業員に聞いてもわからない時は、業務の目的とシステム機能との差異分析で判断できるかもしれません。

6.3.2 第2のヒント：現場業務の正確化・迅速化・省力化

現場業務の課題を考察してみると、基本的には品質・納期・コストに対応して、正確化・迅速化・省力化することに集約できるでしょう。

受注業務で説明しましょう。受注登録のミスを防止し、正確に出荷部門に出荷指示を行い、さらに、出荷部門や顧客からの情報を元に、計上基準に即して売上計上・集計し、請求書に反映するという「正確な事務」です。また、受注部門から出荷部門、出荷部門から売上集計部門へと直ちに情報が伝達できるという「迅速な事務」です。そして、受注データをピッキングリスト、納品書、売上伝票、請求明細に加工して使用することにより、転記・再入力等の二重・三重の事務処理を削減するという「事務の省力化」です。

ただし、正確化・迅速化と省力化は、業務機能の設計上若干異なる点があります。省力化は経営層が期待するところであり、従業員も業務が楽になることから反対はしません。

ところが、正確化と迅速化は単純ではありません。たとえば、在庫金額を正確に把握するには、在庫の入出庫の金額を付加して処理することになります。経営層が頭で把握できるような規模であれば、数量のみの簡易なシステムでニーズを満たせますが、そうでない場合、正確化を求めると一般的には高度で複雑な業務機能となりがちです。安価なシステムを好む経営層と、容易な運用を望む従業員の意向に反するのです。したがって、必要に応じた程度の正確な業務機能を目指すべきなのです。迅速性にも同様なことが言えます。

業務機能の特徴は、役割とやり方に基本的なパターンがあることです。業務機能は、経営戦略のように役割自体が多様な業務ではありません。したがって、システム化に際しては、特別な仕組みを構築するのではなく、基本的な業務機能パターンに、正確化・迅速化・省力化の点で工夫を加えることが適切でしょう。

6.3.3 第3のヒント：デジタル技術で飛躍的にQCDを改善

皆さんはデジタル技術の専門家でしょう。AIを使った販売予測、ロボットを活用した物流業務の自動化、VR/ARを活用した新サービス等の開発経験もあるかもしれません。筆者は専門家の皆さんに解説できるほど最新のデジタル技術に詳しくありませんので、説明は省略します。

しかし、取り組み方の留意点だけは説明させてください。当然のことながら、システム企画においてデジタル技術の活用は必須です。新しいデジタル技術は、今まで企業ができなかったことも可能にしてくれます。デジタル技術を活用し、ビジネスプロセス改善や経営戦略を推進してください。

ただし、**デジタル技術は経営課題の解決や業務の効率化のために活用してください**。デジタル技術を活用するために使うのではありません。要するに、企業活動に必要だからデジタル技術を使うのです。素晴らしいデジタル技術だからといって、必要でないものは導入しないほうが良いのです。これが無駄な設備投資を防止することに繋がります。

6.3.4 第4のヒント：ビジネスプロセス改善を3つの目で見直す

「6.1.2　鳥の目・虫の目・魚の目による業務の視点」で、ビジネスを捉える3つの目（視点）について説明しました。その観点で、改善案に見直しや抜けがないかチェックしてください。

- **鳥の目**：前工程や後工程を含めて全体を見渡し、改善の余地がないか検討する
- **虫の目**：当該業務を詳細に分解し、改善の余地がないか検討する
- **魚の目**：将来どのような変化があるか、どのように変わることが期待されるかを推測し、拡張性について検討する

6.3.5 第5のヒント：自動化の適否

優秀なシステムエンジニアほど工夫を凝らし、素晴らしい発想を持っていることも多いと思います。同時に、何でもシステムで解決しようとし、人間の判断業務をどんどんシステムのロジックに置き換えていきます。そのシステムのロジックは完璧です。

しかしながら、どうしても複雑な仕組みになりがちです。さらに、その自動化の仕組みは、人間が一定の動きをすることを前提としています。従業員が、いわゆる「ルールや標準化に沿って活動する」ということです。ところが、**実際の人間は、システムエンジニアが机上で考えた通りには動かない**ものです。

システムによる自動化では、まず、業務実態を確実に把握します。そして、すべてシステムで処理しようとするのではなく、標準化・ルール化の程度を勘案し、業務機能がシステムロジックに置き換えられるかを判断します。もし、システム化に不安が残る時は、システムではなく人間系の業務を残したほうが、うまくいくことが多いものです。

6.3.6 第6のヒント：効率化という視点の制約

経営戦略の視点も必要です。

経営戦略を支援するシステム機能を定義することは困難です。なぜならば、戦略支援システムは、業務効率化の視点で業務を見直しただけのものとは異なるものになるからです。戦略支援システムは、たとえ業務が非効率になっても、戦略的に必要な機能は導入しなくてはならない場合もあります。

実現可能性を確保する際に、さらにもう1つの要素があります。それは企業風土です。業務では人間が重要な役割を果たしています。その人間の行動は、理屈だけではなく感情にも左右されます。**人間への配慮を欠いた業務機能は、従業員の支持を得られません**。また、経営層には固有のポリシーを持っている人がたくさんいます。そのポリシーに反するビジネスプロセス改善は否定されます。

ビジネスプロセス改善に対し、従業員はさまざまな行動をとります。企業の発展に寄与すべく改善に積極的に取り組む人や、企業の現状に危機感を持ち改善に協力する人がいます。逆に、現状に安住し変化を好まず自己保身に走る人や、ビジネスプロセス改善により既得権を失うからと徹底的に改善に抵抗する人、所属部門の利益に固執し全社的な視点の改善に反対する人もいます。これらの抵抗勢力を無視すると、システム化への協力が得られないだけではなく、大きな障害となることもあります（**図6.5**）。

このように、業務機能は効率化の視点のみでは決められないのです。経営層への対応は第８章、従業員への対応は第９章で詳しく説明します。

図6.5　効率化という視点の限界

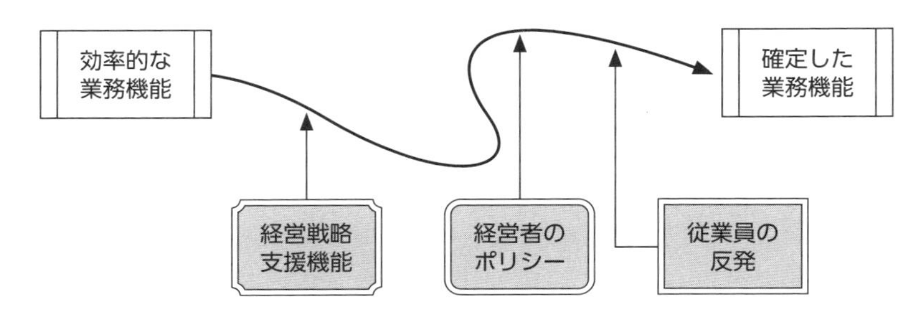

6.3.7 第7のヒント：既存のシステムエンジニアとビジネスに強いシステムエンジニアの違い

システムは手段にすぎません。それを活用して本来の目的である業務変革を行い、競争優位を確立することが重要です。したがって、システムの稼働はシステム化の完成ではなく、本格的なシステム改善のスタートです。

社外システムエンジニアの場合、システム稼働後もどこまで業務を依頼されるかはわかりませんが、システム改善の道筋はつけなくてはなりません。具体的には業務変革後の業務改善マニュアルの作成です。新システムを活用し、どの部門が業務をどのように変革・遂行すべきかのマニュアルです。社内のシステム企画プロジェクトが業務改善マニュアルを作成し、全社を指導し、業務変革を成し遂げられる体制を構築することが望まれます（**図6.6**）。

図6.6　ビジネスに強いシステムエンジニアの業務

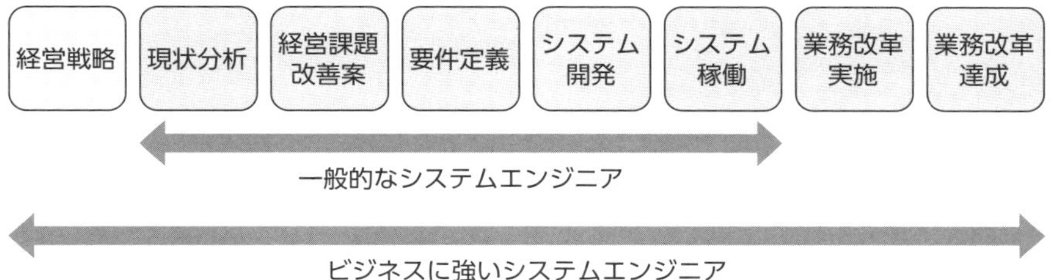

6.4　システム企画書の作成

6.4.1　システム企画書の記載内容

これまでの調査・分析・検討結果をまとめて、システム企画書として作成します。一般的なシステム企画書の記載内容は下記です。ただし、システム企画書の記載事項については、皆さんの会社においてフォーマットや規程があると思います。下記の事項を、規程やフォーマットに従って記載してください。

- システム開発の目的や期待される効果
- システム対象業務範囲
- 機能要件：経営戦略や経営課題を含めた現状の課題、課題解決策となるシステムの概要（システムの機能や性能、導入効果）
- 付属資料：システム概要図、現状の業務フロー、システム導入後の業務フローなど
- 非機能要件：性能要件、セキュリティ要件、運用性要件など
- システム構成
- 開発計画：予算、開発スケジュール、開発体制、リスクなど

6.5 視点4：ビジネスプロセスの改善（To-Beモデル）

【目的】

業務実態を前提としたビジネスプロセス改善案を検討・協議・確定させます。そして、これまでの調査・分析・検討結果をシステム企画書としてまとめ、正式に承認を受けます。

【対象業務の絞り込み】

対象業務の絞り込みを、皆さんの会社で使用している方法で行ってください。その時に「鳥の目」「虫の目」「魚の目」の３つの視点で、漏れなくチェックしてください。

【業務機能とその目的との差異の解消】

ヒアリング等の調査を整理し、理想的な「To-Be」モデルを作成します。

次に、「As-Is」モデルと理想的な「To-Be」モデルを比較検討し、何を（環境変化の対応）どのように改善する（業務の効率化）か検討します。同時に、現状の業務実態、改善のネック、事業部門の賛否、情報化投資のコスト等も勘案し、実現可能な「To-Be」モデル案を設計します。

【業務機能の効率化の検討】

ビジネスプロセス改善に際しては、「6.3　業務改善の７つのヒント」を活用してください。

【実現可能な「To-Be」モデル案の確定】

事業部門に提案・協議し、実現可能な「To-Be」モデル案を改善・確定します。以降は、皆さんが使用しているシステム設計技法に内容を組み込み、システム設計フェーズに進みます。

【業務改善マニュアルの概要案作成】

システムが稼働しても、それを活用し業務を行うのは事業部門です。したがって、実現可能な「To-Be」モデルを活用して、各部門が業務をどのように改善していくか明らかにしなければなりません。システム開発段階になると思いますが、新システムのオペレーションマニュアルの作成と並行して、業務改善マニュアルも必要です。

業務改善マニュアルの作成は、システム企画プロジェクト内の事業部門の担当になると思います。ただし、システムエンジニアがある程度アドバイスしなくては作成できないでしょう。改善の成果を上げるためには、このマニュアルの作成は必須です。

【成果物：システム企画書】

成果物はシステム企画書です。これまでの調査・分析・検討結果をまとめたものです。下記の事項を皆さんの会社のフォーマットに従って記載してください。

- システム開発の目的や期待される効果
- システム対象業務範囲
- 機能要件：経営戦略や経営課題を含めた現状の課題、課題解決策となるシステムの概要（システムの機能や性能、導入効果）
- 付属資料：システム概要図、現状の業務フロー、システム導入後の業務フローなど
- 非機能要件：性能要件、セキュリティ要件、運用性要件など

- システム構成
- 開発計画：予算、開発スケジュール、開発体制、リスクなど

【説明・承認】

実現可能な「To-Be」モデル案と業務改善マニュアルの原案作成を、事業部門に十分に説明のうえで納得してもらい、協力してもらえる関係を構築します。重要な業務の改善については、経営層の承認を得ておきます。

なお、経営層とのコミュニケーションの取り方や、従業員の本音を踏まえたシステム企画を行うにはヒューマンスキルが必要です。第8章と第9章で詳しく解説します。

6.6 演習

本章で解説したのは、システムの改善、ビジネスプロセスの改善、デジタル技術の活用等のアイデアを出し、協議・検討し、ビジネスプロセスの改善案およびシステム案を作成するところです。この点は皆さん経験豊富だと思います。また、そのアイデアもケースバイケースでしょう。

したがって、皆さんの過去の案件で考えてみてください。成功した案件でも失敗した案件でもかまいません。【視点4】で再検討し、見直してください。過去の提案とは異なる点がいくつか出てくるでしょうか。

とくに、失敗した案件で【視点4】により改善点が見つかり、その改善が失敗を軽減できたと思われたのであれば、本章の内容をかなり習得できたのではないでしょうか。時間がある時にぜひトライしてください。

第 3 部

システム企画を深堀りする

本書はビジネス知識の強化を目的としたものであり、システム企画のフェーズの中でも重要な部分を深堀りして第3部で解説します。従来の習得法ではあまり取り上げられなかった、「経営戦略のシステム機能へのブレイクダウン」「経営層とのコミュニケーションの取り方」「ユーザーニーズの実態把握方法」を取り上げます。主な内容は下記です。

- 第7章 | 経営戦略支援の機能を深堀りする
- 第8章 | 経営層と良好なコミュニケーションを行う
- 第9章 | ユーザーニーズの実態を見抜く

経営戦略支援の機能を深堀りする

第3章では、システム化の目的を明確化するために経営戦略を分析する手法について解説しました。本章では、経営戦略を実現するためにシステム企画を行うケースについて深堀りします。経営戦略を把握し、それを支援するビジネスプロセスを改善し、さらにシステムの機能にブレイクダウンするためのノウハウについて解説します。

7.1 経営戦略に対するシステムエンジニアの立ち位置

7.1.1 システム企画の出発点は経営戦略

経営戦略への対応については第3章でも触れました。第3章では、システム化の目的を明確化するために経営戦略を分析しました。

本章では、経営戦略を実現するためにシステム企画を行う場合の経営戦略の分析について述べます。つまり、システム化の目的が経営戦略の実現というケースです。経営戦略を確実に捉え、具体的なビジネスプロセスの改善とそれを支援するシステムの構築にブレイクダウンします。

システム企画は、基本的には経営戦略が出発点になるでしょう。ここで大きな問題があります。誰がいつ、経営戦略を立案するかです。経営戦略作成を社外のコンサルタントに依頼することもありますが、基本的には社内で作成します。情報システム部門も参加しますが、主体は事業部門や経営企画部門でしょう。

では、社外のシステムエンジニアが業態変革や新規事業の創設などの経営戦略を立案したとして、経営層は受け入れるでしょうか。**経営層からシステムエンジニアへの期待はビジネスプロセスの大改善ですが、成果物としてはシステ**

ムなのです。つまり経営層には、「経営戦略の企画はシステム企画とは異なる」という認識があるのではないでしょうか。

経営層にとって、経営戦略は経営の問題、システム企画は強力なデジタルツールの構築の問題です。そのため、システムエンジニアには経営戦略を前提に、経営戦略を支援するIT戦略やシステムの構築を依頼するのです。

経営層は経営戦略の立案手法はわからなくても、経営戦略の中身についてはプロなのです。システムエンジニアに経営戦略や企業経営は任せないでしょう。これは部門長も同様で、便利なツールを提供してくれることは望みますが、自部門の経営は任せないでしょう。

7.1.2 システムエンジニアの役割

このようなことから、システムエンジニアの役割は次のようになるのではないでしょうか。

経営戦略については、経営戦略が構築されていることを前提とし、その評価やアドバイスを行います。そしてその経営戦略を踏まえてIT戦略を立案し、それらを実現すべくビジネスプロセスを改善し、そのビジネスプロセスを支援するシステムを企画・立案します。

なお、経営戦略が明確でない企業では、システムエンジニアには経営層から暗黙知である経営戦略を引き出すことも求められます。

7.2 経営戦略をいかに捉えるか

経営戦略で著名なポーターは、経営戦略を「企業戦略」「競争戦略」に分けました。企業戦略とは、どの事業分野に参入するか、多くの事業分野をどうやって統括するかという事業領域の戦略です。競争戦略は、各事業分野でいかにして競争優位を生み出すかについての戦略です[注7.1]。

注7.1 『競争戦略論 I』／マイケル E. ポーター［著］／竹内弘高［訳］／ダイヤモンド社（1999年）

7.2.1 企業戦略（全社戦略）

企業戦略については、アンゾフは**表7.1**に示したように、製品（既存製品、新製品）と市場（既存市場、新市場）の組み合わせによってマトリックスを構成し、その各セルに該当する４つの戦略（市場浸透、製品開発、市場開拓、多角化）を提唱しました[注7.2]。

表7.1 アンゾフによる製品・市場マトリックス

製品＼市場	既存市場	新市場
既存製品	市場浸透	市場開拓
新製品	製品開発	多角化

- 市場浸透

既存市場にて、既存製品にさらに注力するということです。環境変化を踏まえた現行業務の改善と捉えることもできるでしょう。

基幹業務の改善と基幹業務システムの改善ということで、システム企画の基本的な業務と言えます。

- 新製品開発や新市場開拓

新規事業への取り組みや新製品開発そのものが戦略であり、システム機能そのものは当該業務に適した一般的なシステムと言えるでしょう。したがって、一般的なシステム設計で対応可能です。

- 多角化

市場も製品も新しい業態です。業務は既存業務と大きく変化したり、まったく新しいものになったりすることもあります。

新規事業や新製品の業態に関しては、業態に即したシステムを構築するということになります。現状調査が難しい業態ですが、既存の業務に囚われないため、比較的あるべき論で行えるシステムです。ただし、想定を誤

注7.2 『現代経営学総論』／望月衛、梶原豊、服部治［編著］／白桃書房（1992年）

ると運営が困難となります。

また、M&A等で企業を合併したケースは、親企業との関連度合いにより改善の内容や範囲が異なります。密接に連携するには、両企業の基幹業務の改善と基幹業務システムを改善し、連携することになるでしょう。業務上連携しない場合は、合併した企業単独の基幹業務の改善と基幹業務システムの改善となるでしょう。

いずれにしても、事業分野の問題であり、システム企画やシステムの改修には、特別な対応が必要なわけではありません。これらの企業戦略を前提にしてシステム企画に取り組むことになるでしょう。

7.2.2 競争戦略（事業戦略）

競争戦略は、各事業分野でいかにして競争優位を生み出すかについての戦略です。その戦略は非常に多様です。代表的なポーターの3つの競争戦略について説明しますので、競争戦略の概念を理解してください。

- コストリーダーシップ戦略

業界内で低コストの生産体制を構築する戦略です。これにより、競争相手よりも低価格で製品やサービスを提供することが可能となり、市場シェアの拡大や顧客の獲得を狙います。

- 差別化戦略

差別化戦略は、企業が独自の製品やサービスを提供する戦略です。顧客ニーズに合った独自の付加価値を提供することにより、他社との競争優位を確立します。

- 集中戦略

集中戦略は、企業が特定の市場セグメント、地理的領域、または顧客グループなどに焦点を当てる戦略です。これにより、競合他社との直接的な競争を避け、選択した領域での専門化と競争力を発揮します。

7.3 あいまいな経営戦略の捉え方

7.3.1 経営層のニーズは複雑で抽象的

経営層の仕事は、企業を発展させるべく、経営方針を確立し、ヒト・モノ・カネの経営資源を適正に分配し、企業をコントロールすることです。そのため、経営層は一般的に、業務担当者の日常業務や管理者の管理業務にはあまり関心を示しません。経営層のニーズは、企業の構造的な課題や戦略的な課題の解決に重点が置かれます。したがって、経営層のニーズは複雑で抽象的なものが多くなります。

顧客企業に経営を補佐する部門があり、経営層のニーズが経営戦略等にて明らかにされていれば、経営層のニーズは把握しやすいでしょう。しかし、多くの中小企業では経営戦略が立案されていません。このような企業では、経営層から「経営戦略的なもの」を把握しなくてはなりません。

経営層からは、各部門への不満や、ライバル社に圧迫されていること、さらに、経営環境や景気への不満となって表れるかもしれません。また、経営戦略が経営層の夢として語られるかもしれません。中には、実現できそうにもない夢もあるでしょう。

システムエンジニアは、このような話の中から経営層の思いを当該企業にふさわしい形（経営戦略）に表せなくてはなりません。これはさほど精緻なものでなくてもかまいません。システム化を進めるにあたり、経営層と企業改善の方向やレベルを合わせておくことが目的です。そして、それを経営層に説明し、経営層と認識を合わせておくことが重要です。

7.3.2 経営者の夢を業務課題として捉えるには

経営層の「夢」を業務課題として捉える例を説明しましょう。たとえば、フランチャイズチェーン本部の経営層のニーズが、「現状の100店舗から1,000店舗への多店舗展開にふさわしいシステムの構築」だとします。しかしながら、経営層からはそれ以上の具体的な話はありません。そのニーズを実現するには、どのようなシステム企画をすれば良いのでしょうか。

多店舗展開をすれば、仕入業務、物流業務、販売業務、人事管理、店舗設計等のさまざまな面に影響が出るでしょう。単純に業務量を拡大していけば、本部人員も肥大化し、収益に悪影響を及ぼします。また、肥大化によりさまざまな問題が生じることも想定されます。

そこで、変化を推測し、かつ変化に適切に対応できるように、各業務や管理の改善を行わなくてはなりません。そして、改善後の業務を効率的に処理できるシステムを設計しなくてはならないのです。

このように漠然とした経営ニーズを、経営層が満足する具体的なシステム機能にするには、経営ニーズを具体的な仕入業務、物流業務、販売業務、人事管理、店舗設計等の業務に変換し、その業務をどのように改善すべきか検討し、さらにシステム機能にも変換する必要があります（**図7.1**）。

図7.1　経営層の夢とシステムエンジニアのシステム企画

7.4 経営戦略からビジネスプロセス改善へのブレイクダウン

7.4.1 経営戦略とシステムの関係

経営戦略、業務プロセスとシステムの関係について、1980年代にSIS(Strategic Information Systems:戦略的な情報システム)という概念がワイズマンにより提唱されました[注7.3]。これは「競争優位を獲得するための経営戦略を支援するシステム」というものです。昨今のDXの定義は「データとデジタル技術を活用して、業務そのものや、組織、プロセス、企業文化・風土を変革し、競争上の優位性を確立すること」です。システムをデジタル技術に置き換えれば、DXとほぼ同じことを表しているのではないでしょうか。

ワイズマンはSISについて以下のように述べています。

戦略的情報システムの主要な機能は、定型的なトランザクション処理を行い、決まった形式の帳票を定期的に発行することであることもあるし、検索と分析の能力を提供することであることもある。SISの主要な用途は、企業の競争戦略、すなわち自社の競争優位の獲得や維持あるいは他社の優位の削減のためのプランニングを、支援もしくは形成することである。

出所:『戦略的情報システム:競争戦略の武器としての情報技術』P.88

一方で、「戦略的でない」システムの主要な機能も、やはり「定型的なトランザクション処理を行い、決まった形式の帳票を定期的に発行すること、検索と分析の能力を提供すること」と言えるでしょう。つまり、経営戦略を支援するシステムが一般のシステムに比べてとくに異なるのは、システムの機能ではなく「効果」ということになります。

先に引用した通り、戦略的情報システムは、「経営戦略、すなわち、自社の競争優位の獲得や維持あるいは他社の優位の削減のためのプランニングを支援

注7.3 『戦略的情報システム:競争戦略の武器としての情報技術』/チャールズ・ワイズマン[著]/土屋守章、辻新六[訳]/ダイヤモンド社(1989年)

もしくは形成する」という効果を持ちます。したがって、個々の企業の経営戦略支援に効果をもたらすよう一部機能が追加・強化されたシステムが戦略支援情報システムということであり、経営戦略を支援するシステムもその大部分の機能は一般的な情報システムと類似しています（**図7.2**）。

図7.2　システムの機能と経営戦略

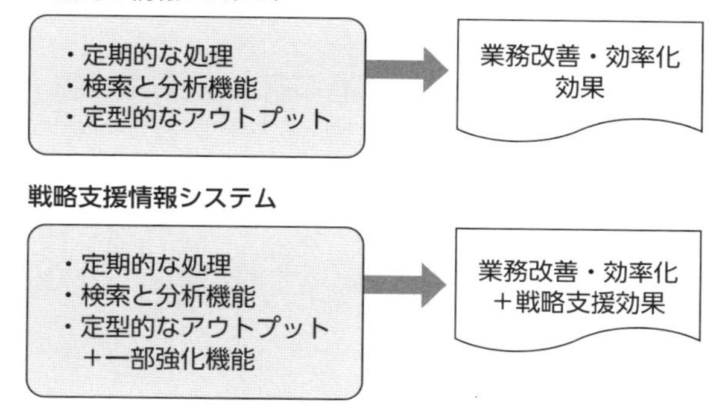

そこで、戦略支援情報システムとは、「競争優位に繋がるように一連のシステム機能群が特別に強化され、経営戦略の実現効果をもたらすようなもの」と捉えることができるでしょう。ただし、システム機能とするには、経営戦略やIT戦略をより詳細な業務にブレイクダウンし、最終的にシステムの機能に置き換える必要があります。

SISの代表的な例として、アメリカン航空の座席予約システム「SABRE」が取り上げられました。当時は各航空会社が固有のシステムを有していました。アメリカン航空は自社の予約端末を他社に先がけて旅行代理店に配置して、オンラインで直接予約ができるようにしました。その後、他の航空会社の便も予約できるようにしました。旅行代理店は各航空会社の端末を設置しなくても、アメリカン航空の端末だけで予約業務ができるようになりました。

その予約画面では、予約候補の航空会社のうち自社の便を先頭に表示するようにしていました。とくに意図がなければ、先頭の便を選ぶことが一般的でしょう。これらの施策により、他の航空会社に対し競争優位を確立しました。この例では予約候補の画面表示の順番です。順番の機能が戦略的だったのではなく、「予約で自社が選ばれる」ような効果をもたらしたから戦略的情報システムと言われたのです[注7.4]。

なお、現在ではSISは失敗であったと評価されています。当時のコンピュータの能力やソフトウェアが、現在のデジタル技術と比べて格段に劣っていたからです。しかし、経営戦略とシステムの関係を的確に捉えた概念だと思います。

7.4.2 戦略支援情報システムは「迅速・低コスト・高品質」

経営戦略を支援するシステムも業務遂行を支援するシステムも、90%程度は類似しており、その一部に経営戦略を支援する効果の機能が追加または強化されているということです。逆に考えると、90%の共通部分が適正に機能しなくては、ビジネスそのものが立ち行かなくなります。システムエンジニアにとっては、まず日常の基幹業務を改善できることが基本となります。

そしてその上に、経営戦略・IT戦略で要求される業務機能を組み込むことで、単なるシステム化ではなく、「経営戦略を支援し、システム企画の目的を充足する」ビジネスプロセス改善やシステム化が実現できることになります。

第6章までの解説で、基本的にTo-Beの要件を固められたことでしょう。それが経営戦略を十分反映したものであれば良いのですが、そうでなければ、経営戦略支援の観点で再検討することも必要です。要するに、経営戦略を把握し、ビジネスのどこをどのように変えなければならないかを把握します。

次に、そのためにはビジネスプロセスのどこをどのように変えなければならないか検討します。そして、経営戦略を踏まえて目的を実現する機能を強化します。

さらに、ビジネスプロセスがライバル社に比べて「迅速」「低コスト」「高品質」となっているかという観点でも見直します。

注7.4 今では、検索結果の表示順が重要なことは既知の知識になってしまいましたが。

7.4.3 ビジネスプロセスへのブレイクダウン

システムエンジニアにとって本当に難しいのは、経営戦略の理解ではありません。漠然とした経営戦略を具体的な業務機能にブレイクダウンすることです。**経営戦略を実現する具体的なビジネスプロセスの機能にブレイクダウンできなくては、経営戦略は単なる掛け声**になってしまいます。

経営戦略をビジネスプロセスにブレイクダウンするには、経営戦略の理解と業務知識が必要です。しかし、業務知識が十分でなくても、システムエンジニアのほうが有利な点もあります。ビジネスプロセス改善を支援するデジタル技術に詳しいことは当然ですが、もう１つあります。

システムエンジニアは、ビジネスプロセスについては経験豊富です。なぜなら、システムは部門に閉じられたものではなく、データの流れであるビジネスプロセスを対象とすることが多いからです。

各事業部門は、自部門の部分最適の視点でしかビジネスプロセスを見られません。しかし、システムエンジニアは、ビジネスプロセスを全体最適の視点で見ることに慣れているのです。

7.5 経営戦略のブレイクダウンの例

経営戦略や経営課題は、経営層のタイプや企業風土、さらにシステム企画の依頼内容によっても異なります。ここでは参考までに、中小企業の経営層からよく聞かれる経営戦略レベルの経営課題を、「流通業における課題と対応」（**表7.2**）と「製造業における課題と対応」（**表7.3**）の例で示します。なお、この例は一般的な傾向を元に作成した１つの例であり、実際には十分に調査のうえ対応してください。

表7.2 流通業における課題と対応の例

経営戦略面の課題（経営層からのヒアリング）	業務プロセスおよびシステムの対応
他社の納品リードタイムは3日。今はスピードが最大の武器だ。当社では、欠品がない翌日納品体制を確立しなくてはならない。そうすれば、売上を大幅に増加させられる	受注から納品までの業務を改善し、納品リードタイムを2日に短縮できる業務プロセスとシステムを構築する。さらに、在庫補充の業務プロセスを改善し、適正在庫を保持できる在庫管理システムの構築も行う
売上の増加は容易ではない。しかも、原価の低減だけでは限界だ。物流業務を改善して経費を30%軽減したい。これにより、価格競争力が増すとともに、収益も増やせる	物流業務を見直して、経費を大幅に削減できる業務プロセスとシステムを開発する
在庫がどんどん増加している。売れ残りの在庫も増えている。このままでは、在庫コストが増加して収益が出ない。欠品を防止しつつ、在庫を削減しなくてはならない	営業と購買の責任・権限を見直しのうえ、在庫補充方式を改善した仕入システムを構築する。状況によっては、AIによる販売予測のシステム化も必要である
企業を大きく発展させるために、全国に営業所を展開したい	遠隔地の営業所と本部の連携を強化する改善を行うとともに、本部から営業所を的確に管理できる仕組みとシステムを構築する
システムでは顧客価値創造が重要だと聞いた。我が社でも顧客管理を行っているが、ポイントサービス程度しか行っていない。何とか売上が増大する顧客管理ができないものか	直ちにSFAやCRMを導入するのではなく、顧客を適正にターゲティングのうえニーズを把握し、自社が何を提供できるかを検討する。さらに、自社の能力を踏まえたうえで、顧客管理を具体化する

表7.3 製造業における課題と対応の例

経営戦略面の課題（経営層からのヒアリング）	業務プロセスおよびシステムの対応
他社の生産リードタイムは2週間である。当社では1ヶ月もかかっており、このままでは当社の存続は許されなくなる。どんなことをしても、緊急に生産リードタイムを半減しなくてはならない	生産計画立案サイクルや時間、製造工程や購買の手配時間等の事務処理時間短縮を行ったうえで、生産管理システムを構築する。当然のことながら、製造そのもののリードタイム短縮や外注・購買の納期管理も改善する。また、部品生産方式や在庫の持ち方の改善も図る
当社の生産計画は問題だ。在庫が増えるが、欠品は一向に減らない。生産計画の立案方法から徹底的に見直さなくてはならない	販売予測や生産計画立案方式を改善したうえで、生産計画システムを構築する
当社の生産は生産計画と乖離があり過ぎる。忙しくなると、計画の2倍3倍の期間を要する。これでは生産計画の意味がない。生産計画通り確実に生産が行われるような体制を確立しなくてはならない	生産の負荷調整を見直すとともに、購買・外注・工程管理全般を改善し、生産管理の仕組みを改善する。そして、それを適切に管理できる生産管理システムを構築する

当社の主力製品の売上が徐々に下がっている。次の主力製品が育たず、全社の売上がじり貧となってきた。顧客ニーズを捉えた新製品を開発しなくてはならない	販売実績の分析方法を検討する。そして、その分析に有効な販売分析システムを構築し、新製品開発に有効な情報を開発部門に提供する。外部データも利用したAIの活用も検討する
価格競争が厳しくなっている。10%程度の原価低減ができないと競争に追いつけない。あらゆる観点から見直して、製造原価を低減しなくてはならない	原価管理システムを構築する。原価低減の実現と、原価集計負担のバランスを考慮したシステムとする

7.6　視点5：経営戦略からビジネスプロセス改善へのブレイクダウン

経営戦略をビジネスプロセスにブレイクダウンするには定型の方式はありません。企業や業務によりさまざまです。続く「7.7　演習」で例を示しますので参考してください。

【目的】

経営戦略を把握し、それを支援するビジネスプロセスの改善、さらにシステムの機能にブレイクダウンします。具体的にはTo-Beモデルのビジネスプロセスに経営戦略支援機能を追加・調整します。

【資料】

ビジネスモデル、As-Isモデル、To-Beモデル、経営戦略、IT戦略等。

【経営戦略のブレイクダウン】

経営戦略・IT戦略をビジネスプロセスの各業務にブレイクダウンし、そのビジネスプロセスを改善し、支援するシステムを企画します。経営戦略の把握・

IT戦略の立案を元に、とくに下記の内容に漏れがないかを再確認します。

- ビジネスのどこをどのように変えなければならないか
- そのためには、ビジネスプロセスのどこをどのように変えなければならないか
- そのためにはどのようなシステムが必要か、第6章で企画した要件で十分か、追加修正が必要か

【協議・承認】

原案検討に際しても、要点毎に経営層や部門長と協議のうえで進めます。

機能決定に際しては、経営戦略のビジネスプロセスへのブレイクダウン、さらにそれを受けての重要なビジネスプロセス改善事項について、経営層に説明・承認を得ます。

機能案作成後も、重要なビジネスプロセスの変更や、営業方法・管理の強化・業績評価といった変更は、経営層と十分協議のうえで各部門長に説明し理解してもらいます。

7.7 演習

7.7.1 経営戦略のブレイクダウン演習課題

経営戦略や経営課題は、業務や企業、さらには経営環境により実にさまざまなものがあります。しかも、この経営課題をそのままで解決することはできません。その戦略や課題を分解して具体的な業務の課題とし、その課題への解決やシステム化を図らなくてはならないからです。

ここでは、ブレイクダウンの仕方の例を示し、少しでも皆さんに理解してもらいたいと思います。例題として、「在庫削減と欠品防止の両立」という基本的

な経営戦略を取り上げます。

7.7.2 経営戦略のブレイクダウンの考え方

この経営戦略を実現するには、理論的には次の式に従って購買を行うことです。

購買量＝販売予測－在庫

どれだけ売れるか、そして手元に在庫がどれだけあるか、その差額を購買するということです。これにより、必要最小限の在庫で受注に対して欠品なく応じられます。ただし、そのためには各業務が適正に機能しなくてはなりません。「在庫削減と欠品防止の両立」を実現するため、関連しそうな業務についての留意点を説明します。

販売予測業務

この式で一番難しいのは販売予測です。具体的な販売予測は、誰（営業部門、購買部門、双方）が、どのような情報（販売見込み情報、過去の実績データ）を、どのように使用（予測方法）して行うかということになります。

営業部門は一般的に、欠品を危惧して在庫を豊富に持ちたがります。また、販売予測は営業目標ともなることから、実際より過大にせざるを得ません。さらに、顧客のニーズにきめ細かく対応すべく、多頻度少量の在庫補充を要求します。逆に購買部門は、在庫削減に力点を置き、予測を低めにします。また、コスト削減の観点からまとめ買いを好みます。

このように、営業部門と購買部門は基本的に矛盾するものです。どのようにして、販売予測の組織と責任体制を構築するかがビジネスプロセス改善の重要なポイントです。

なお、最近ではAIの活用も考えられます。ただし、ある程度の規模にならないと規則性が見つからず、難しいかもしれません。

在庫管理業務

先の式においては、在庫量が正確に把握できなくては計算が成り立ちません。在庫を正確に把握するには、的確な業務プロセスの仕組みとシステムが必要になります。この在庫の把握には、受注残の管理や、在庫引当等の管理も要求されます。さらに、厳格な現品管理も大前提です。

納期管理業務

先の式では「購買量」と単純に記載していますが、これもかなり複雑な課題を含んでいます。購買は、数量だけではなく、QCD（Quality, Cost, Delivery：品質、価格、納期）が問題となります。とくに「在庫削減と欠品防止の両立」を実現するには、納期は必須です。納期管理には、発注サイクルや発注事務の精度、緊急発注や変更等の整理が前提となります。また、購買先の管理（能力把握や納期厳守の指導等）も納期管理の要素です。

出荷管理業務

実務ベースでは、在庫があるだけではなく、顧客のニーズに応じて即納できなくてはなりません。販売管理・在庫管理の一部となりますが、受注・在庫確認・納期回答・出荷・納品が迅速に行えることが前提です。

7.7.3 経営戦略のブレイクダウン演習の回答例

ここで「迅速で正確な納品」は、「迅速な納品」と「商品供給の保証」に分けられます。

さらに「迅速な納品」は、「迅速な納期回答」「迅速な納品」「正確な納品」にブレイクダウンできます。そして、「迅速な納期回答」を、「在庫照会の迅速化」「在庫引当の迅速化」「納期回答の迅速化」を実現しなくてはならないという業務プロセスの課題にブレイクダウンし、その課題の改善を検討します。これらの経営戦略のブレイクダウンを**図7.3**に示します。

図7.3　経営戦略のブレイクダウンの例

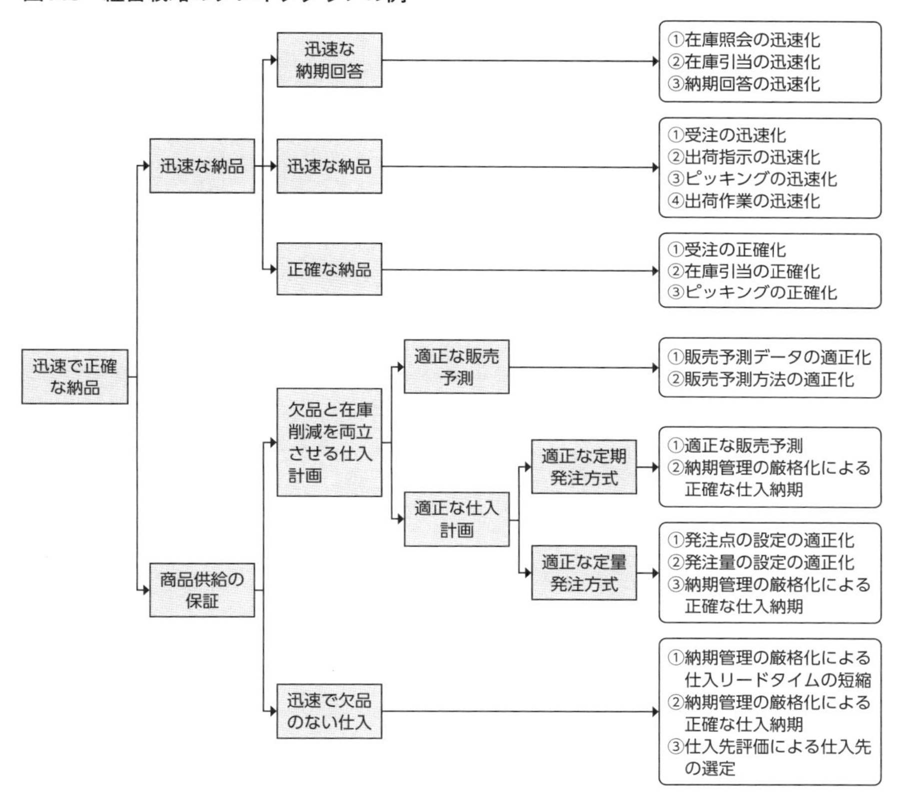

このように経営戦略や経営課題のブレイクダウンは複雑ですが、これはシステムエンジニアの本領を発揮すべき領域と言えるでしょう。

経営層と良好なコミュニケーションを行う

どのようなシステム開発であっても、経営層の協力や支援がなければ失敗に終わる可能性が高くなります。システムのオーナーは経営層であり、経営層にとって納得できるシステム企画でなければ支援を得ることは難しいでしょう。この章では、いかにして経営層とコミュニケーションを行うか、経営層の本音を捉えてシステム企画に活かすかについて解説します。

8.1 システム化の成否を握る経営層

8.1.1 システムのオーナーは誰か

経済産業省ではDXを、

企業がビジネス環境の激しい変化に対応し、データとデジタル技術を活用して、顧客や社会のニーズを基に、製品やサービス、ビジネスモデルを変革するとともに、業務そのものや、組織、プロセス、企業文化・風土を変革し、競争上の優位性を確立すること。

出所：「デジタルガバナンス・コード2.0」（経済産業省）P.1
https://www.meti.go.jp/policy/it_policy/investment/dgc/dgc2.pdf

と定義しています。つまり道具はシステム、目的はビジネスプロセスの改善、さらに、ビジネスモデル改善、企業風土の改善まで含むのです。

このようなシステム企画を行う主役は、経営層と主力事業の責任者です。情報システム部門は、その改善に有効な道具を提供する支援部門となります。したがって、理屈で考えれば、システム化のオーナーは経営層、具体的なリーダーは事業部門であり、サポートが情報システム部門ということになります。

ところが、多くの企業では情報システム部門が主担当となっています。情報システム部門のプロジェクトリーダーにいくら権限を与えたとしても、経営層の支援もなく、企業利益を牽引している事業部門長等を抑えてビジネスモデルの変革を実現できるでしょうか。

システム企画を推進するには、経営層自らシステム企画の主体となるべきです。そうすれば、事業部門の責任者も協力せざるを得ません。従業員も、トップの指示であれば協力的になるでしょう。

ただし、システム企画の具体的な作業を経営層が担当することは期待できないでしょう。そうではなく、「システム企画のリーダーは経営層の代理である」と位置付け、経営層と絶えず連携して改善を進めることが重要です。経営層の理解・支援をいかに得るかが、システム企画成功のキーポイントであり、システムエンジニアの腕の見せ所です（**図8.1**）。

図8.1　理想的なシステム企画プロジェクト

一般的なプロジェクト

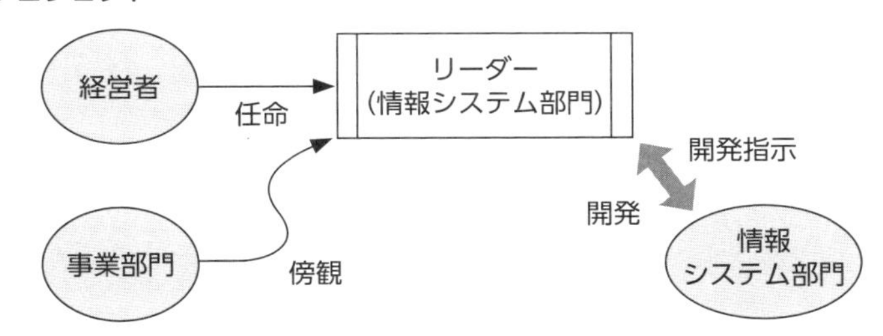

理想的なプロジェクト

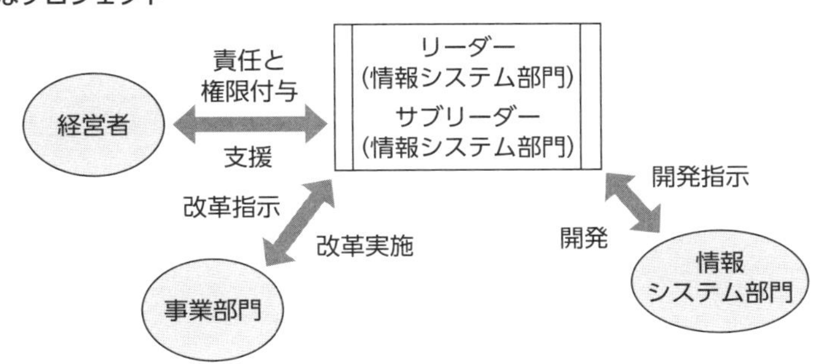

経営層の支持が薄いシステム企画は、さまざまな抵抗にあい、困難なプロジェクトとなるでしょう。

8.1.2 システム企画の成否を握る経営層

システムは、ケースによっては企業そのものを変革したり、組織を修正したりすることもあります。こうしたケースにおいて、経営層の支援がないままシステム化に成功したという例はあまり聞かれません。経済産業省もDXに関して、経営層の重要性を次のように強調しています。

事業部ごとに個別最適されたバラバラなシステムを利用しており、全体最適化・標準化を試みても、各事業部が抵抗勢力となって前に進まない。すなわち、既存システムの問題を解決するためには、業務自体の見直しも求められることになるが、それに対する現場サイドの抵抗が大きく、いかに実行するかが大きな課題となっている。こうした各事業部の反対を押しきることができるのは経営トップのみであるが、そこまでコミットしている経営者が多いとは言えないのが実情と考えられる。

出所：「DXレポート～ITシステム「2025年の崖」の克服とDXの本格的な展開～」（経済産業省）P.16
https://www.meti.go.jp/shingikai/mono_info_service/digital_transformation/pdf/20180907_03.pdf

《経営トップのコミットメント》
2. DXを推進するに当たっては、ビジネスや業務の仕方、組織・人事の仕組み、企業文化・風土そのものの変革が不可欠となる中、経営トップ自らがこれらの変革に強いコミットメントを持って取り組んでいるか。
- *仮に、必要な変革に対する社内での抵抗が大きい場合には、トップがリーダーシップを発揮し、意思決定することができているか*

出所：「デジタルトランスフォーメーションを推進するためのガイドライン Ver. 1.0」（経済産業省）P.5

8.2 経営層の一般的な思考：何を考えているか

8.2.1 経営層のDXへの理解

DXが話題となっている今、「DXで会社を改善し、ライバルに打ち勝ちたい」とほとんどの経営層が考えているでしょう。ライバル社がDXで成功したと聞けば、何とかしなくてはと焦るでしょう。さらに、「なぜ我が社ではDXが進まないのか」と嘆いているかもしれません。

しかし、経営層にとって期待は大きいのですが、具体的な取り組み方、つまり誰に何をどのようにさせるかはなかなかわかりません。多くの経営層は「DXという特別なデジタル技術があり、情報の専門家である情報システム部門に任せれば良い」と考えているのです。

しかし、DXは単なるシステム化ではなく、組織やビジネスプロセスの大改善を伴うこともあります。情報システム部門が組織やプロセスを大改善しようとしても、営業部門や事業部門は、「業務を知らない情報システム部門が何を言っているのだ」と賛成してくれないでしょう。これではDXが成功するはずがありません。

経営層はDXが重要との認識はありますが、具体的に何をどうすれば良いかわからず、デジタル技術の専門部門である情報システム部門に頑張ってほしいと考えています。ところがなかなかDXはうまくいきません。そして、情報システム部門の説明を聞いても効果が出ない理由がわかりません。やがて、自社の情報システム部門への不信感を募らせていきます。経営層は、デジタル技術分野は情報システム部門に任せるのですが、経営を情報システム部門に任せることはありません。DXはあくまで強力なデジタル技術だと考えているのです。

実際には、**ビジネスプロセス改善は経営の問題であり、経営の中核のビジネスプロセス改善は情報システム部門だけでは困難**です。このような企業では、システム化による業務の利便性向上は期待できますが、ビジネスモデルやビジネスプロセスの改善は経営層の理解不足や現場の抵抗により困難でしょう。

8.2.2 経営層のシステム化への認識

経営層の関心は、ライバルとの競争や売上、利益に集中していることが多いでしょう。その一方で、具体的な日常業務にはあまり関心を持ちません。これがシステムとなれば、業務機能よりもさらに経営層の関心から離れます。

しかも、一般的に経営層はシステムがわかりません。要するに、経営層にとってシステムは「会社を良くしてくれる」特別な技術であり、技術そのものはどうでも良いのです。システムエンジニアが苦労してシステムを開発することに関心はなく、システムが稼働したことで会社が良くなるか、システム化によって企業経営がどのように変わるかが問題なのです。

情報システム部門はさまざまな問題を抱えていますが、経営層は次のように考えていることが多いでしょう。

経営層：システムの老朽化

今稼働しているのになぜ新たな投資を行わなくてはならないのか。何とか工夫してほしい。

経営層：システムの運用・保守の負担

情報システム部門は大変と言っているが、どこの部門も大変だ。頑張れば何とかできるだろう。

経営層：セキュリティ

セキュリティに関しては、絶対に問題を起こしてはいけない。ともかく、コストをかけずに頑張ってくれ。

経営層：人材不足・資金不足

情報システム部門は「人手が足りない、予算が足りない」と言うが、どこの部門でも工夫している。頑張れば何とかできるだろう。

経営層の中でも、システムに対する理解の程度はさまざまです。ここでは、経営層のシステムに対する認識を3つのタイプに分けて示します。

タイプ1：システムは経営の問題ではなく技術の問題

「システムは特殊で強力な技術であり、システムの専門技術者の業務である。したがって、システムの専門家に全部任せるからうまくやってくれ」というものです。ビジネスプロセス改善も従業員の協力もなく、単にシステムを導入するだけでは成功するはずがありません。仮に問題が起きたとしても、自社の体制の問題点には気付かず、すべて情報システム部門の失敗として責任を一方的に追及しがちです。

タイプ2：システムだけでなくビジネスプロセス改善も必要

「システムだけですべてできるわけではなく、システムに合わせて業務も改善が必要である」という考えです。しかしながら、ビジネスプロセス改善があくまでもシステム化の周辺に留まること、および、ビジネスプロセス改善の主体が事業部門か情報システム部門かあいまいなことが多くあります。このタイプ2が一般的なレベルと思われますが、現実のシステム化では、**ビジネスプロセス改善を誰がどの程度まで責任をもって行うかが成否のポイント**となります。

タイプ3：システムはビジネスプロセス改善に有効だが、基本的にはツールに過ぎない

「システムはビジネスプロセス改善のツールに過ぎない」という考え方です。したがって、目的はビジネスプロセス改善であり、その一環としてシステム化が行われるというものです。そのためにビジネスプロセス改善を行い、改善さ

れた業務をより効率的に処理すべくシステム化を行い、さらに、新業務・新システム活用の教育を総合的に行います。このような企業であれば、システム企画に成功する確率は高いでしょう。ただし、残念ながらここまでわかっている経営層は非常に少ないと思われます。

8.2.3 経営層のITベンダーへの期待

システム化は、「システム」「業務ルール（ビジネスプロセス）」「人」が三位一体となって成功するものです。経営層がこの3つの要素のうち、何をITベンダーに期待するかです。

システム

「システム」についての期待は当然のことであり、ITベンダーはこの期待に応えられなくてはなりません。

業務ルール

大企業には通常「業務ルール」を整備・改善する部門があり、システム化に際してもビジネスプロセス改善の主体となることがあります。ところが、中小企業ではこのような部門がないだけでなく、ビジネスプロセス改善や整備の方法がわからないことが多いものです。

多くの経営層は、ITベンダーがシステムの「プロ」であり、すべての「プロ」であると考えています。ここにシステム化失敗の大きな要因があります。

本書を手に取った読者の皆さんは経営や業務に関心を持っていると思いますが、一般的にシステムエンジニアは「システムのプロ」であっても「ビジネスプロセス改善のプロ」ではありません。しかし、ITベンダーの営業担当者は「ビジネスプロセス改善ができない」とは言えません。その結果、経営層はビジネスプロセス改善もシステムエンジニアにすべてお任せとなり、いつもの動かないシステムになってしまうのです（**図8.2**）。

図8.2 ITベンダーへの期待と現実

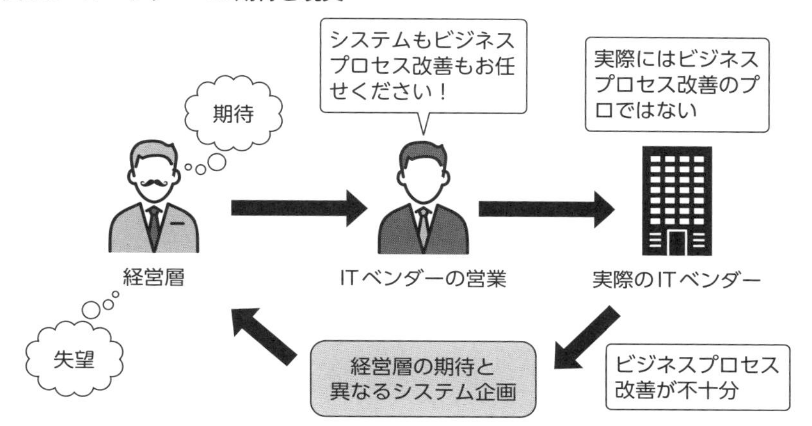

ビジネスプロセスの改善についても、ITベンダーが取り組めるに越したことはありません。しかし、本当にシステムを成功させるには、経営層に対して自社で取り組むべき「ビジネスプロセス改善」の意義について説明するとともに、ITベンダーと顧客企業の役割分担を理解してもらわなくてはなりません。問題点をごまかして受注しても、成果は上げられないでしょう。

人

「人」とは、新システムや新ビジネスプロセスを使って業務をする人のことです。人は、単に機能を果たすだけではなく感情を持っています。したがって、ビジネスプロセス改善への意識付けが重要です。この意識付けにおいては経営層の支持は極めて重要であり、経営層の協力を得ることがポイントです。

本章では、「人」のうち経営層について説明します。従業員については第9章を参照してください。

8.2.4 経営層の業務知識：細かいことはわからない

経営層が述べる課題の解決方法には、問題が多く見られます。業務やITに疎い経営層は、具体的な方法になると、誤解や認識不足を露呈することが多くなります。なぜならば、経営層といえどもすべての業務を熟知しているわけではないからです。

過去に担当した業務については認識していても、業務の詳細は忘れています。さらに、システム設計レベルの日常の詳細な業務になると、理解していないことが多いのです。つまり経営層は、経営課題の把握や表面的な原因は理解できても、課題の真因や具体的な改善方法までは考え付かないことが多いのです。

経営層は経営の専門家ではあり、経営層のニーズは経営の専門家として適正です。しかし、システムが対象とする詳細な業務知識については不正確なことが多く、解決手段についてはアイデアを持ちにくいのです。したがって、経営課題もどうしてもあいまいなものになりがちです。

8.2.5 経営層の本音

経営層は、普段何を考えているのでしょうか。

企業は儲けられなくては存続できず、どんな経営層でも利潤追求を考えない人はいません。また、一時的に儲かっても継続性がなくては発展もあり得ません。経営層共通の思考は「利潤の追求」「継続企業（ゴーイング・コンサーン）」だと言えるでしょう。

経営層が経営理念やSDGsなど社会に対してコメントすることがありますが、その通りに実践する人もいれば、上辺だけの人もいます。ここで、経営理念が言葉通りなのか、あるいは形だけのものなのか、経営層の本音を掴むことがシステム企画成功のポイントです。

「いくら良い製品を作っても、売れなければ企業は倒産してしまう。したがって、営業は企業において極めて重要な役割を果たしている」と、ほとんどの経営層が営業を重視しています。しかし、たとえば「顧客の要求に臨機応変に応じる」など、ベテラン営業マンの属人的な業務と、システムの前提となる業務の標準化とは相反することがよくあります。経営層が営業の重要性を認識した上で、システム化について適正な考え方を持っているタイプか、あるいは営業の肩を持ち改善を制限するタイプかによって、システム化が大きく左右されることに留意する必要があります。

事例で説明します。営業重視の企業で営業システムを導入していた時のことです。システムの移行が従業員にとって過大な負担となることは皆さんはよくご存知のことと思います。その混乱の中、全営業所長を集めて業績会議が開催されました。折りから景気も低迷してきており業績不振の営業所が多く出たのですが、ある所長が「システムの移行の混乱で業績が下がった」と答えると、多くの同調者が現れました。そして社長も営業の意見に賛同し、結局システムの導入が業績不振の原因の1つとされてしまったのです。

また、経営層から下記のような要望を受けることもよくあります。

- **経営管理データの充実**
  ⇒システムのデータは古すぎる。もっと早く情報を見られるようにしてほしい。

- **月次決算の迅速化などの会計業務**
  ⇒月次決算が遅すぎる。経理部にはもっと頑張ってほしい。

- **正確な在庫管理などの業務管理**
  ⇒欠品や納期遅延等、物流部門が弱すぎる。在庫管理くらいもう少しうまくできるだろう。

しかし、これらは情報システム部門や経理部門、物流部門だけではなく、営業部門を含めた全社業務の標準化・ルール化が前提となる課題です。このように、経営課題を表面的にしか捉えられない経営層もたくさんいるのです。

8.2.6 経営層のポリシー

経営層は経営のプロです。だからこそ経営層の地位についているのです。その能力がこれから先も企業を成長させるかはわかりませんが、現在は経営層なのです。

その経営層の考え方を表明したものが「経営理念」「ビジョン」です。ただし、これらは対外的に公式なものであり、経営層が経営理念通りに経営している企業もあれば、建前だけの企業もあります。

人間はさまざまな信念や信条を持っています。経営層も企業経営について独自のポリシーを持つことが数多く見られます[注8.1]。経営層個人の「企業や業務がどうあるべきか」といった信念が、経営理念と一致していることもありますが、その多くは暗黙知です。

本書でもすでに述べたように、システム企画がいかに適切であっても、経営層のポリシーを侵すシステムは支持されません。ビジネスプロセスの改善に際しては、経営層のポリシーを十分把握し、よく考えたうえでシステム機能の選定に取り組まなければなりません。経営層のポリシーを侵す改善は許されないのです（**図8.3**）。

図8.3　経営層のポリシーは神聖にして侵すべからず

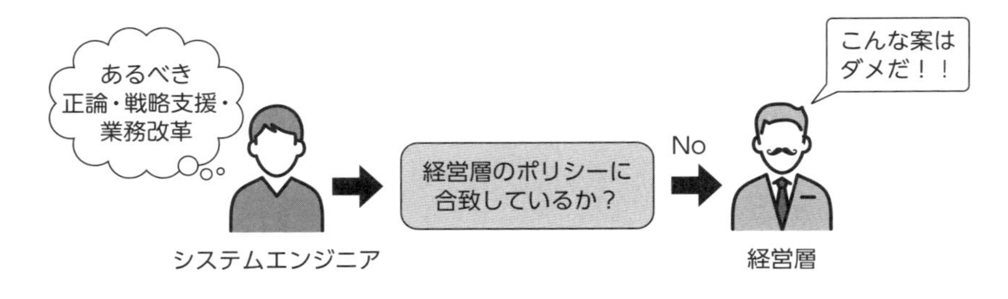

経営層のポリシーの例として、与信限度の管理方法を使って説明します。ここでは、与信限度を厳格に管理できるように、限度超過の受注はエラーとするシステム機能を取り上げます。

このシステム機能を採用することによって、受付担当者が限度超過の顧客に対して「貴社の売上限度を超過しているので、受注の可否は営業担当者が帰社後連絡します」などと回答しては、取引が解消になるかもしれません。もしも、「何よりも顧客を重視する」ポリシーを持つ経営層が、顧客とのトラブル発生後にこのようなシステム機能が導入されていることを知れば、システム全体へ

注8.1　ここでは、ポリシーを「政策、方針」という意味ではなく、「個人の信念や信条など」を表す言葉として使います。

の評価を下げかねません。

このように、経営層のポリシーに触れるようなシステム機能は、経営層の事前承認が前提となります。

経営層のポリシーは、一般的に次のような機能によく表れます。これらの改善の方向と経営層のポリシーとの整合性をよく考える必要があります。

- 重要な取引先との仕組み
- 商品供給の基本的な仕組み
- 内部管理の基本的な仕組み

8.2.7 システムの真のオーナーは経営層

繰り返しますが、システムのオーナーは経営層です。ITベンダーにとっては、システムによる改善を意思決定した人であり、情報システム部門の責任者ではありません。社内のシステム企画プロジェクトのリーダーでもありません。システムの改善を意思決定した経営層です。

企業にもよりますが、大きなシステム企画プロジェクトではシステムのオーナーは経営層です。つまり、直接・間接を問わず、ITベンダーは経営層に依頼されてシステム企画プロジェクトを受託したのであり、システム企画の最大のオーナーは経営層なのです。

「システムのオペレーションが容易になる」「人手をかけず自動的に業務ができるようになる」「システムの保守が容易になる」……これらは従業員や情報システム部門からは評価されるでしょう。ただし、システム企画のオーナーは経営層であり、経営層が不満では成功ではないのです。

窓口の担当者や事業部門のニーズを満たすだけでは経営層は満足しません。業務が楽になる、有効な情報がすぐ手に入るといったことでもありません。経営層は、**自分のポリシーに基づきシステム化が行われ、会社が発展し、売上が上がり、ライバルに差を付けた時に初めて満足する**のです。システムの成功は、あくまでも経営層が満足するかどうかです（**図8.4**）。

図8.4　経営層が満足しなければシステム化は失敗

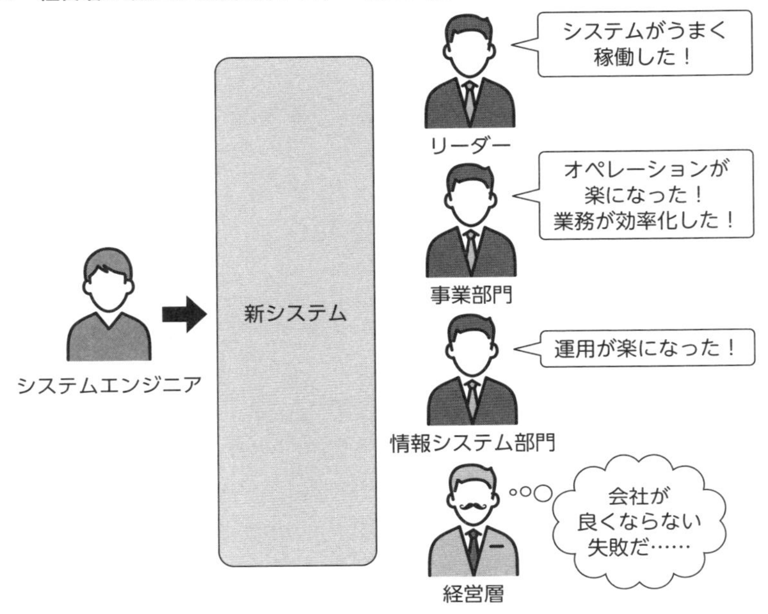

8.3　視点6：経営層の本音への対応

【目的】

経営層に支援の必要性を理解してもらう

先に述べたように、システム化の成否は経営層の支援にかかっています。あらゆる機会を探し、システム化への理解と経営層の支援の重要性を理解してもらうことが重要です。経営層の考え方は容易には変えられませんが、あらゆる機会で努力してください。

経営層から信頼を得る

経営層からの信頼は極めて重要です。ビジネスプロセスの改善では、事業部門と衝突することも多いでしょう。そのような時に経営層から絶対的な信頼を得ていれば、支援が得られるでしょう。信頼が薄ければ、経営層から改善案を否定されるかもしれません。

つまり、技術の専門家ではなく、ビジネスプロセス改善のプロとの認識を経営層から得ることです。業務を遂行するのは事業部門が専門家です。システムエンジニアは、各事業部門を組織横断で処理するビジネスプロセス、すなわち、儲けられる仕組みを提案できるプロだと認識してもらうことです。

システム企画の重要なポイントで直接支援を仰ぐ

システム企画は単にシステムを構築することが目的ではなく、業務を改善するためのものです。時には組織を変更する必要が生じることもあります。既存の業務や組織に慣れ親しんでいる事業部門からは、反対や抵抗が生じるかもしれません。

その上、いかにシステム企画に伴う業務改善が適切でも、現状にこだわる事業部門を説得するのは容易なことではありません。しかし、事業部門の言いなりになっていては、業務改善ではなく単なる自動化・効率化のシステム企画になってしまいます。

こうした状況を防止するには経営層の協力が必須です。重要な会議には経営層に出席してもらい、適正なジャッジをしてもらいます。つまり、システム改善の重要なポイントは経営層の前で議論するということです。たとえ部門長であっても、経営層の前では正論は言えても感情的な反対はしにくいものです。

情報システム部門と従業員の役割分担を明確にする

ビジネスプロセスは基本的に人間により処理され、その一部をシステムが担当します。したがって、システムだけで処理できるビジネスプロセスは限定的です。ビジネスプロセスにとって、システムは改善のための道具なのです。つまり、ビジネスプロセスのシステム化とは、システムの導入と人間のビジネスプロセス改善から構成されていると言えるでしょう。したがって、システム化に際し、従業員が改善活動に取り組まなくてはシステム化の効果が発揮できません。

ところが、「システム化は情報システム部門の業務」という会社もたくさんあります。従業員は情報システム部門が開発したシステムを使うだけ、システム化の主役は情報システム部門であり、従業員はお客さんということです。

システムが動けばシステム開発は完了です。情報システム部門はシステムを作る部門だからです。しかし、これではシステムの目的は達成できません。従業員のビジネスプロセス改善活動が抜けているからです。情報システム部門が事業部門に対してビジネスプロセス改善を指示しても、容易には動いてくれないでしょう。

ここで経営層が力を発揮します。ただし、経営層の「システムを導入するだけではなく、ビジネスプロセス改善が必要であり、その主体が従業員である」という認識が前提となります。この認識があれば、従業員の取り組みを監視し、不十分であれば注意を与えるでしょう。つまり、経営層が、システム開発とビジネスプロセス改善の担当者が異なることを認識することで、システム化の成功に向けて適切な指揮をとれるということです。このことを、経営層に十分に理解してもらわなくてはなりません。

【経営層と話す機会を増やす】

【視点6】は、特別な手順があるのではありません。これまでの基本的な手順の中でこうした視点や意図を持つことにより、経営層の本音を把握し、経営層のシステム化に対する支援をより得やすくするためのものです。

経営層はシステムについて理解も薄く、専門家である情報システム部門に任せがちです。また、なかなか話す機会も少ないと思います。しかし、システム化を成功させるためには経営層の支援が不可欠です。

経営層はともかく多忙であり、システムは技術の問題と捉えている人が多数です。したがって、大きなシステム企画プロジェクトであっても、経営層と話し合う機会は数回程度でしょう。これでは経営層から信頼を得るのは難しいです。プロジェクトや経営層によっても異なりますが、極力話し合う機会を増やしてください。また、ポイント毎に経営層に直接説明できる機会を増やしてください。

【経営層から何を探るか】

窓口担当者の権限を探り、実質的に決定できる経営層を見抜く

システム企画案件では、中小企業といえども経営層と直接折衝できることは少ないでしょう。普通は管理本部の役員などが窓口になることが多いと思います。その役員が、どの程度システム化の決定権を持っているかは重要な問題です。現実では、経営層といってもその権限は企業によって相当に異なります。たとえば、副社長であってもほとんど決定権を持っていない人もいれば、部長であってもシステム化を全面的に任されている人もいます。

真の経営課題を探る

単純に経営層の言葉を鵜呑みにしてはいけません。人間は思ったことを素直に話せるものではありません。経営層ともなれば、その立場もあり、表面的な話と真の考え方が異なることが多いものです。彼らの話の中から、経営層の真の経営課題を探り出す必要があります。

経営層の考え方や経営課題がわかったとしても、それを単純に改善に反映してはいけません。彼らの考え方が必ずしも適切であるとは限らないからです。その考え方を評価したうえで提案書に盛り込む必要があります。

ただし、真の顧客である経営層のポリシーを無視しては、提案が受け入れてもらえるはずがありません。そのポリシーを尊重しつつ評価・修正し、経営層に納得できるように提言しなくてはなりません。

真の依頼事項を見抜く

経営層の真の依頼事項を見抜かなくてはなりません。経営層は一般的に業務やシステムの詳細はわかりません。そのため、依頼事項が業務実態と乖離していることもあります。この場合、そのまま受け入れてはいけませんが、無視してもいけません。経営層がわからないのは具体的な解決手段であり、課題や改善の方向は経営判断なので尊重しなくてはならないのです。したがって、システム企画とは「経営層の真の目的を把握し、それを実現すること」と言えるでしょう。

システムへの理解度

経営層のシステムについての考え方をよく聞かなくてはなりません。経営層はシステムについては誤解していることが多いものです。たとえば、システム化すれば在庫が正確に把握できるなど、システムを万能だと考えています。このような経営層は、お金さえ出せば後は専門家の業務だと考えがちです。これは極めて問題のある考え方です。システムは社外の専門家だけでできることではなく、経営層や従業員の協力がなければ成功するはずがないからです。

システムの改善への熱意や支援の程度

最も重要なことは、システムに対する経営層の取り組みの熱意を把握しておくことです。経営層の熱意があれば、システムの改善も相当のことが可能となります。そうでなければ、システムの改善は抵抗や非協力でつぶされてしまいます。

筆者は、仮にシステム化に対する経営層の熱意や支援が薄ければ、ビジネスプロセス改善やシステムのレベルを下げたものにすべきだと考えます。それが、当該企業の業務レベルを踏まえた経営層の依頼を確実に実現するシステム企画だと考えるからです。

社外の人間が、あるべき論でビジネスプロセス改善を実現できるはずがありません。筆者の経験では、「経営層の熱意がおざなりだと、ビジネスプロセス改善やシステム化の困難度は2倍になる」ということが言えます。経営層のシステム化に対する取り組みの姿勢は最重要であり、ここは確実に押さえておく必要があります。

以上のことはなかなか直接聞きにくいでしょう。プロジェクトによっても経営層によっても聞き出し方は異なります。非常に難しいことですが、これらを把握しておけばシステム企画プロジェクトの進路や着地点が見えてきます。通常のヒアリング、説明会、話し合い等でできるだけ把握してください。

【経営層との話し方】

従来のシステムエンジニアの思考を切り替える

システムエンジニアにとってのシステム化とは、本音では下記の通りではないでしょうか。

システムエンジニアの考え

システムエンジニアといっても基本はデジタル技術の専門家であり、業務の専門家ではない。システムエンジニアにとってシステム化の目的は、ユーザーの要望を整理・改善し、システム企画をすることである。システムが動いても業務がうまくいかないのは、要望を出したユーザーの責任である。システムエンジニアにとっては、システムが設計通りに稼働すればシステム化は成功なのである。

一方、経営層にとってのシステム化とは次のようになるでしょう。

経営層の考え

システムは、会社を良くしてくれる高度な技術である。技術そのものはどうでも良く、その効果だけが問題である。つまり、システムによって、企業経営がどのように良くなるかが問題なのである。

経営層は、システムエンジニアが苦労してシステムを開発することに関心はありません。経営層にとっては、機械だから動くのが当たり前なのであり、会社が良くなって初めて成功なのです。このことをよく理解してください。

経営層の思考が正しいか、誤りかは問題ではありません。システムのオーナーは経営層です。システムエンジニアが経営層に丁寧に啓蒙することは必要ですが、経営層の考え方を変えることは容易ではありません。多くの場合、経営層の考え方を前提に対応するしかないのです。

経営層の価値観で考える

システムエンジニアの思考ではなく、経営層の立場になって考えてください。従来のシステムエンジニアの業務は重要です。これが適切に設計できていないようではシステムは動きません。ただし、経営層と話す時の内容と話し方を変えていかなければ、経営層は理解してくれません。

経営層が考えているのは、収益を増加させ、企業を発展させることです。収益を上げるには、売上を増加させるか、原価や経費を削減することです。売上を上げるには、他社よりも良いものを、必要な時に、必要なだけ、迅速に納品することが必要です。ここで、新製品開発、迅速な即納体制、物流システム等が課題となるのです。そして、その課題を解決するためにビジネスプロセス改善やシステム化が行われるのです。

たとえば在庫管理のシステム化においても、システムエンジニアと経営層の立場では話題がまったく異なったものとなるでしょう。

- システムエンジニア
  - どのようなデータを入力し、どのように処理し、データ量がどの程度か。
  - 業務フローに非効率なところはないか。
  - 現行システムへの不満や改善機能は何か。

- 経営層
  - 仕入計画の作成方法を改善して在庫を削減したい。そして、在庫コストおよび製品の陳腐化を防止したい。
  - 欠品による機会損失が大きい。販売予測を改善して欠品を防止したい。
  - 現品の整理がまったくできていない。在庫があるのに発注している。倉庫の隅には何年も放置された在庫が置いてある。現品の整理を徹底したい。
  - 出荷作業を改善したい。人数が多い割には誤出荷が多く効率が極めて悪い。
  - 在庫引当のレベルが低く、出荷時によくトラブルとなっている。また、支給品の管理もできない。どうも支給品が紛失しているようだ。

上記は、在庫管理システムを検討するに際し、経営層の課題とシステムエンジニアの検討事項を表したものです。同じシステムを検討するのに、まったく異なったことを考えているのです。

システムエンジニアは、主としてシステム面からの切り口です。経営層は、企業収益、ビジネスプロセス改善、管理の高度化、費用対効果であり、経営層として企業経営の観点からの思考です。関心のないデジタル技術のことを丁寧に話しても聞いてもらえないでしょう。

システム企画プロジェクトで開発の承認を得るには、承認する人がシステム投資の価値を認めるかどうかです。承認する人の価値尺度に合わなくては認めてもらえません。皆さんも入社試験のことは覚えているでしょう。面接試験の合否を決めるのは採用側です。皆さんは就職の指南書などで面接者の評価の仕方などを調べたのではないでしょうか。システムも同様であり、経営層の価値観で話を進めなくてはなりません。

経営層にとっては経営が目的であり、システム化はその手段の1つに過ぎません。したがってシステム提案においても、経営層はその目的や効果に納得できれば、手段であるシステムについてはコストだけが関心事なのです。

【システム企画提案の表現】

経営層が疎いのはデジタル技術ですが、経営については専門家です。企業にとってデジタル技術が重要なことは、情報システム部門より的確に捉えています。経営層がわからないのは、「重要と言われているシステム化」が我が社にとって「このシステム企画」なのかです。このシステムを導入すると、何がどうなるのか。ライバルを蹴落とせるのか、売上が倍になるのか、システムが我が社をどう変革するかがわからないのです。情報の重要性について説明したすぐ後に、システムのフローが出てきては、経営層は判断のしようがありません。

システム開発の企画書は、経営戦略的な課題から出発しなくてはなりません。しかも一般論ではなく、具体的に経営戦略上何が課題で、ビジネスプロセスのどこにどのようなネックがあり、それをどのように改善するか、そしてその結果どのような効果があるか。また、そのためにはどの部門がどのように動かなくてはならないかを提案することです。

しかし、これまで何度も強調してきたように、一部の企業を除いて経営戦略が具体的に作成され実施されていることはあまりありません。中小企業になると、経営戦略が具体的なものではなく、経営層の「夢」であることがしばしば見られます。夢なので現実とは結びつきにくく、夢を実現する具体的な方法も明確にできません。あるいは、現状では対応できない場合もあります。さらに、システムとの関連となると非常にあいまいなものとなってしまいます。経営戦略についてはこの点に注意が必要です。

もう1つ、システム企画書で注意することがあります。それは企画書には、「できるだけシステム用語を使用してはいけない」ということです。知らない言葉が出てくれば、その分だけ企画書を理解できなくなります。理解できなければ、効果も疑わしく、承認を躊躇してしまいます。これはやむを得ないことでしょう。

経営層が読むのですから、経営層が使う言葉で、経営層の思考に添って作成しなくては理解してもらえないでしょう。システムエンジニアが当たり前と思って使用している言葉も、経営層にはわからないことが多いのです。

要するに経営戦略をどのように解釈し、ビジネスプロセスのどこをどうのように変えることにより、どのような効果が上がるか、改善のネックは何かを説明するのです。

【経営層の支援が得られないケース】

経営層は経営のプロです。そして多くの経営層は経営に対するポリシーを持っています。そしてポリシーを通じたシステムへの独特の見方を持つ人もいます。

皆さんが経営層のシステムへの誤解や取り組み方をいくら経営層に説明しても、容易にその考え方は変わりません。企業によっては経営層と接触する機会さえ簡単には得られないかもしれません。

要するに経営層の考えは簡単に変えられないのです。したがって、システムの改善はそのオーナーである経営層の考え方に即したものにならざるを得ないのです。経営層の本音を把握し、あるべき姿の正論ではなく、経営層の本音を前提としたシステム企画を推進するということです。経営層が保守的で改善が進まなくても、それがシステム企画オーナーの依頼のシステム化です。いくら正しいシステム企画でも、依頼者の意向に反したシステム企画は失敗するでしょう。システムのオーナーは経営層であることを忘れてはいけません（**図8.5**）。

図8.5　経営層の支援が得られないケース

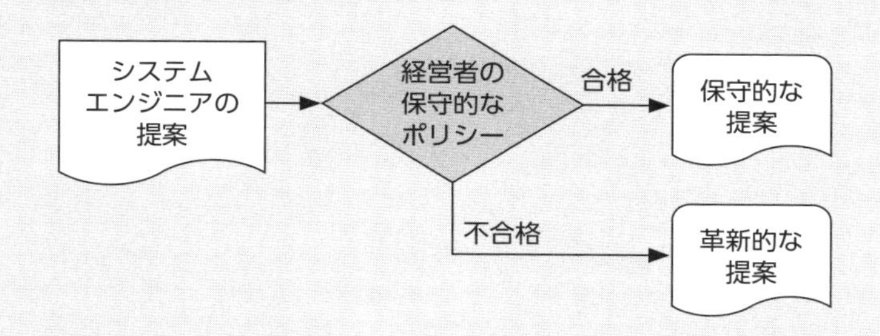

【視点6】は、通常のシステム設計技法ではあまり扱わないものです。また、具体的な手順があるのでもありません。しかしながら、経営層の支援はシステム企画の成否を握ります。本書では、次の第9章とともに最も皆さんに習熟してもらいたいノウハウです。

通常のシステムの改善を推進する中で、極力【視点6】に配慮してください。ここが、経営コンサルタントとシステムエンジニアの最も異なる視点です。

8.4　演習

皆さんの会社、あるいは皆さんがよく知っている会社の経営層について分析してください。皆さんの立場によっては、話す機会が少ない、あるいは情報が得られにくいかもしれませんが、わかる範囲で推測を加えて分析してください（**表8.1**）。

また、今後も機会があれば経営層の本音の分析を行ってください。やがて、あなた独自の分析法や経営層の本音を見抜く力が身に付いてくるでしょう。経営層の公式の発言と本音が異なるのはよくあることです。

表8.1　経営者の分析シート（例）

分析項目	分析結果
DXへの理解度	
システム化への理解度	
ITベンダーへの期待	
自社業務への理解度	
本音	
ポリシー	
その他	

ユーザーニーズの実態を見抜く

システム化に対し、部門長や従業員はさまざまな不安を感じています。システムエンジニアには、部門長や従業員にシステムを正しく理解してもらい、システムの改善に参加・協力してもらうように働きかけることが求められます。ここでは、システムに対する不安や誤解を取り除き、システムやビジネスプロセス改善への理解を得るためのノウハウを解説します。

9.1 従業員は感情を持った人間である

9.1.1 すべての従業員が前向きとは限らない

皆さんの友人にもさまざまなタイプの人がいるでしょう。また、業務や所属組織への考えも異なるでしょう。さらに、皆さんの考え方も他人と異なるでしょう。人間ですから当然のことです。

企業にもさまざまなタイプの人がいます。業務や所属組織への考えも異なります。会社をより良くするために必死に努力している人も多いでしょう。しかし、皆さんが支援する企業の従業員がすべて前向きとは限りません。会社を良くしようとする人もそうでない人もいるのです。また、同じユーザーであっても部門責任者と従業員では考え方が違います。

9.1.2 人間は理屈だけでは動かない

システムは、人間が行う業務を支援するためのものです。その人間は理屈だけで動きません。

企業内における人間の活動は、単に規則や命令だけによるものではありません。企業は生身の人間が集まっており、その人間は感情を持っているのです。したがって、正論がそのまま通るわけではありません。

システムはビジネスプロセス改善を伴います。そのため、従業員の業務の仕方は程度の差こそあれ変化します。誰でも、自分の業務が楽で便利になることは歓迎します。しかし、今まで適当にできたことが制限されたり、面倒な仕組みになったりすることは嫌がります。さらに、他の人のために自分の業務を増やされてはたまらないと思うでしょう。普通の人ならば当たり前の反応です。

9.2 組織も感情を持った人間で構成されている

9.2.1 さまざまな企業風土

複雑な感情を持つ従業員が集まったものが企業です。そしてその企業内に自然に発生して定着した暗黙のルールや考え方、すなわち企業風土が生まれます。多くの従業員が、企業の発展に寄与するようにビジネスプロセス改善に積極的に取り組む企業風土もあります。また、企業の現状に危機感を持ち、ビジネスプロセス改善に協力する企業風土もあります。

その一方で、現状に安住し、変化を好まず自己保身に走る人が多い企業もあります。システムによるビジネスプロセス改善によって既得権を失うような場合、徹底的に改善に抵抗する人がいる企業もあります。また、所属部門の利益に固執し、全社的な視点の改善に反対する人がいる企業もあります。

従業員も人間と説明しましたが、企業にもそれぞれ固有の企業風土があります。システムは、従業員にとっては「システムをツールとするビジネスプロセス改善」とも言えるでしょう。ビジネスプロセス改善に対しては、改善を推進しようとする動きも生じますが、改善に抵抗する力も生じます。これらの力が生じる源となるのが企業風土です。

9.2.2 企業風土の事例

ここでは「在庫金利」を使って説明します。これは、過剰在庫を圧縮するため、部門別の保有在庫に対して業績評価上の金利を課し、部門別の収益から当該金利を引いたうえで部門別の業績評価を行うシステム機能の導入です。この評価方式では、収益の高い部門であっても、在庫を過剰に保有すると評価が下がってしまいます。

この仕組みの導入には、在庫削減の重要性に対する従業員の認識、すなわち企業風土が問題となります。モノ余りの時代、在庫の圧縮は企業にとって極めて重要です。しかし、売上優先、営業優先の風土の企業に一気に管理的なシステム機能を導入すると、営業部門の大きな抵抗が生じるかもしれません。

9.3 ユーザーニーズの瑕疵

9.3.1 ユーザーニーズは問題を含むこともある

システム化の対象となる、日常的な基幹業務の詳細を知っているのはユーザーです。システムはユーザーの手足となって機能するものです。実際に使用するユーザーが使いにくくては、当然効率も上がりません。同様に、ユーザーが処理しにくい方法やルールも非効率です。

したがって、ユーザーから業務の実態や問題点をヒアリングし、ユーザーが運用しやすいシステムを設計することは、システム設計の基本です。また、ビジネスプロセス改善案やシステム案も、ユーザーに十分説明し、改善案等についての問題点もユーザーから聞き出す必要があります。これらの点に関しては、ある程度経験を積んだシステムエンジニアであれば対応できるでしょう。

しかしながら、ユーザーのニーズには一般的に次のような問題を含んでいることも多いのです。

9.3.2 現行業務の仕組みの中でしか考えない

ユーザーは自分の業務の仕方は知っています。そして、システムを使用して業務を行っています。しかし、システムの機能が拡大すればするほど、ユーザーが使用するシステムの対象業務はブラックボックスになっていきます。

ユーザーは、現行の業務とシステムの使用方法、その欠点は知っています。しかし、ユーザーから引き出したいのは、現在の業務プロセスだけではなく、本来の業務プロセスの目的や問題点、さらに改善のアイデア等です。つまり、ユーザーは業務を教えられた通り処理はしていますが、何のための業務かは理解していないことが多いのです。

何のための業務かわからなければ、そのユーザーニーズも曖昧にならざるを得ません。ユーザーニーズをよく聞いてみると、個人的な不満や愚痴ということがあります。ユーザーニーズに従ったシステムを設計しても、システム機能が業務実態とかけ離れてしまい、業務の遂行に支障をきたすことも珍しいことではありません。

つまり、ユーザーは現行システム提供レベルのサービスの仕組み（業務）の中でしか考えないため、業務改善レベルのアイデアは可能でも、抜本的なビジネスプロセス改善レベルのアイデアは期待しにくいのです。

9.3.3 ユーザーニーズの偏向、矛盾や対立する要求

ユーザーニーズは1つではなく、経営層、管理者、業務担当者、事務担当者、システム担当者で異なります。また、業務担当者のニーズもさまざまです。さまざまであることは良いのですが、ニーズが偏向していては問題です。システム企画プロジェクトメンバーの人選、あるいは「声が大きい人」の要求が通ることで、ニーズの偏りを生じることがあります。また、各ユーザーのコンセンサスを重視するあまり、妥協の産物となることもあります。

さらに問題なのは、それぞれのニーズが矛盾や対立する要求であるケースです。一般的に、人間は自分に都合の良いことを主張します。また、個人ではなく組織レベルでも、所属部門の利害を優先します。とくに、従来の業務のやり

方を否定される、所属部門の評価が下がるような場合は深刻な対立となります。

ヒアリングでは、対象部門の責任者や担当者から話を聞くと思います。彼らは各部門のスペシャリストでしょう。営業のスペシャリストは営業部門の利益、全社的視点から見れば部分最適の思考となりがちです。仕入れは仕入部門、物流は物流部門の最適化を図ろうとします。このように、各部門の利害が対立することはよく見られます。

仕入部門や物流部門が、経営層から在庫削減を厳命されているとします。このような場合、企業全体を踏まえた最適解が出るのではなく、各部門の力関係により決定されることが多いものです。こうして、個人や所属部門の利害を優先することから、部分最適にはなっても、企業全体から見ると全体最適にはならないという重大な問題が発生します。

事例

たとえば、以下のようなケースはどこの企業でもよく見られます。ヒアリングで営業部長は次のように述べます。「工場の生産はあてになりません。必要なものがいつまで経っても生産できません。そのくせ、売れない在庫が山となっています。営業はいつも工場に足を引っ張られています。営業の要求に臨機応変に対応できる生産管理システムの開発をお願いします」

一方、工場側の意見は次の通りです。「営業がきちんと販売予測をしてくれれば、その通り生産ができます。ところが、適当な予測しか提出しません。そのため、工場で独自に生産計画を立案して生産しています。営業は、計画にないものを緊急で生産してほしいなど、生産性をまったく考えない要求をしてきます。工場の生産性に配慮した適切な販売予測ができるようにしてください。そして、生産したものは確実に販売してほしいと思います。当社の営業は販売力がないから、生産しても在庫となるだけです」

それぞれの意見に対する両者の言い分はさらに異なります。営業は次のように答えます。「何が売れるかはそう簡単にわかるわけがありません。工場は売れそうなものはきちんと生産してほしいし、また、欠品が出ればすぐに対処してほしいと思います」

工場側は次のように答えます。「工場は生産性を考えて計画通り生産しています。欠品があったからといって、生産計画をその都度変更していては生産現場は大混乱します。変更が頻発するから、当社の生産原価は割高になり、社長から怒られてしまうのです」

9.3.4 総論賛成・各論反対

一般的に従業員は保守的です。新しいことに興味を持って挑戦していく人もいますが、基本的には従来の慣れ親しんだ方法を変えたくないものです。これが問題となるのです。

システム化は当然にビジネスプロセス改善を伴うものです。ビジネスプロセスの改善は、業務のやり方を良い方向に変えることです。この「良い」というのは、楽になるという意味も含んでいます。効率化とは、業務を「迅速化」「正確化」「省力化」することで、早くて、簡単になれば、業務が楽になると言えるでしょう。

しかしながら、楽になるだけではありません。在庫の削減や生産リードタイムの短縮が目的となると、さまざまな制限やルールが必要となってきます。従来、適当に在庫を持ち出しできたものが、正規の事務処理を経なければできなくなります。忙しい業務がますます煩雑になります。システムの目的は、楽にすることではなく、今までできなかったことを実現しようとするからです。

以上のような理由から、一般的に従業員は業務のやり方が変わることを望みません。業務を単純に、楽にしてくれるのであれば賛成します。しかしながら、システム化に伴って新しい仕組みやルールが導入され、業務プロセスが難しくて複雑なものとなるのは反対です。従来のノウハウが根本から崩れ、まったく新しいものを吸収するということは、誰にとっても容易なことではありません。

システム化が経営層の承認を得て開始された場合、よほどのことがない限り反対はできません。何しろ、会社を良くしようと経営層が決めたことなのです。反対するとすれば、「そのような改善は当社ではまだ難しい」という程度です。したがって、公式の説明会などでは反対意見は出てきません。ただし、反対意見がないからといって、従業員が賛成しているわけではないのです。

問題は各論に入ってからです。とくに、従来の業務のやり方に制限を設けるとなると大変です。「そんなことでは仕事ができない」等、突然強烈に反対にまわるのです。総論では反対できなかったものが、仕事の遂行ができないという錦の御旗を得て、正論として反対できるのです。つまり、総論賛成・各論反対です（**図9.1**）。これは、従業員の問題だけではなく、一般的に人間が持っている保守性です。

図9.1　総論賛成・各論反対

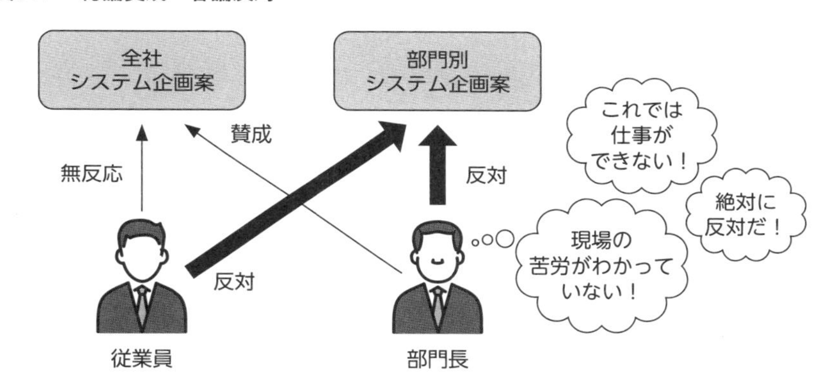

9.3.5 本音ではなく建前で答える

皆さんはヒアリングのベテランであり、理解していると思いますが、念のため述べておきたいことがあります。それは、ヒアリングに際し、「従業員は相手の立場を考えて受け答えする」ということです。

従業員は、社外の見ず知らずの人にどこまで本当のことを話して良いか迷っています。また、いい加減な仕事をしていることが社長の耳に入ったならば、どのように怒られるかわからないと思っているかもしれません。

ある工場でのヒアリングの時です。生産計画が適切にできているとは思えない会社にもかかわらず、計画担当者からは無難な回答しか出てきません。生産実態の矛盾を突くと、「これ以上は私の権限では答えられない。工場長に聞いてくれ」とのことです。生産管理の不備をコンサルタント（＝社長）に漏らしたならば、大変なことになると思ったらしいのです。後で聞いたところによると、工場ではヒアリングへの回答について事前に協議していたとのことです。

調査に際し、「従業員の業務を評価するのではなく、業務の改善を行い、効率的な業務体制を確立するための調査である」ことを十分に説明しても、納得できない人は当然出てくるでしょう。したがって、ヒアリングでは、単純に従業員の話を鵜呑みにしてはいけません。素直に話す人もいれば、当たり障りのない回答しかしない人もいるのです。中には、わからないことでも適当に答える人もいます。これらを頭に入れたうえでヒアリングを行う必要があります。

9.3.6 仕様を決めないユーザー

システムの要件を定めるためには、業務やシステムの仕様を決めなくてはなりません。とくに、ユーザーの重要な業務運用の方法や制約、また、業績の評価などの決定は難しいものです。ビジネスプロセス改善により、従来の業務に制約が生じたり、評価が下がったりする場合は深刻です。また、意見が対立すると、いつまでも仕様を決めないユーザーもいます。

こうしていつまで経っても結論が出ず、納期に影響が出てくるためやむを得ず意見が対立したまま開発しやすい仕様で見切り発車し、先へ進めてしまうことがあります。ところが、システム開発が進んだ段階で反対という結論になります。このような苦い経験をした読者も多いことでしょう。

9.3.7 開発段階になってからのユーザーの要求の変更や追加

近年、アジャイル開発があらためて注目されています。しかし、基幹業務の開発となると簡単ではありません。システムでビジネスプロセスを大改善し、基幹業務システムを再構築するとなれば、ウォーターフォール型（計画駆動型）の開発も多いでしょう。

ウォーターフォール型では、ユーザーはなかなか新システムの機能を理解できません。システム開発が進展するにつれて、徐々に理解していきます。そして、システムのテスト段階になると、少しずつ新たなニーズに気が付き始めます。しかし、その時にはシステムの機能は固まっており、詳細仕様とプログラムの整合性をテストしているのです。この段階でシステムの骨格を変更するような修正が出てきては、膨大な作業量になってしまいます。

システムエンジニアは、ユーザーの承認を経ないでシステム設計を行ったのではありません。何度も確認しています。しかし、ユーザーは適当にしか回答してくれません。本来ならばシステム要件は確定しており、バグが出なければ新たな要求を受け付ける必要はありません。やむを得ないことであれば、双方の責任で検討しなくてはなりません。しかし、要求を受け入れざるを得ないのが現実ではないでしょうか。

以上のように、ユーザーニーズは、必ずしも企業の真の実態を的確に表しているものではないのです。そして、ユーザーニーズが実態と乖離しているほど、システム機能も業務と乖離してしまいます。「ユーザーの話を徹底的に聞き、確実にニーズを押さえるように努力します」というアプローチだけでは限界があるのです。

9.4　部門長の本音

企業の発展を願い、改善に積極的に取り組む部門長も多いと思います。しかし、中には第２章でも述べましたが、次のような本音の人もいます。

負担増への反発

「現状でも仕事が多く、みんな残業して頑張っている。さらにシステム化で新たな負担をかけるのか。これ以上部下に仕事を増やせば、みんながやる気をなくしてしまう。そうなったら誰が責任を取るのだ！」

要するに、現業で手一杯であり、これ以上余計なことは引き受けたくないということです。

改善への不信

「また改善か！　私が新入社員の頃は“ビジネスプロセスリエンジニアリン

グ(BPR)"とかいうものが流行した。会社の業務が画期的に変わると聞いたが、結局BPRプロジェクトは何の成果も上げずに解散した。その後はERPだ。世界標準の素晴らしいシステムだとか言われたが、手順が複雑で仕事がやりにくくなった。また、ISO9000を取得しろと言われたが、やたらと記録作業が増えた。そうしたら次はISO14000の取得だ」

「今度はシステムだ。システムで何が変わるか。そんなもの、いつものような流行だ。そのうちうやむやになって消えてしまうだろう。しかし、その前に迷惑をこうむるのは私の部門だ。こんなことでは仕事に専念できない」

「今うまくいっているものを、なぜ変えなきゃならないのか。システムプロジェクトは机上の空論で、データ分析がどうのこうのと言っている。そんなことで仕事がうまくいくはずがない」

既得権を守る

「システム化に表立って反対はできない。しかし、部門の専門性や既得権が侵されるシステム化の改善には強力に抵抗しよう。自分の部門を何としても守らなくてはならない」

改善により自部門の専門性や既得権が侵される、全社的には有効な改善でも自部門にとっては痛手となることもあります。すると、強力に改善をつぶす動きに出ることもあります。とくに、経営層が一目置くようなキーパーソンの抵抗は改善の重大な脅威になります。また、各部門のエキスパートで、システム化によりその専門能力が否定される場合も同様です。

派閥

「今回のシステムはライバル役員の経営管理本部の仕事だ。彼はいつも手柄を横取りする。あんなシステムプロジェクトは失敗したほうが良い。何かミスがあれば徹底的に追及しよう」

どこの企業にも強い・弱いは別として派閥があります。ある派閥がシステム企画プロジェクトを主導していると、反対の派閥はあまり協力しません。時には陰で足を引っ張ることもあります。プロジェクトが失敗すれば敵対派閥の失敗になるからです。

課題の隠蔽

「改善は現状の課題を解決することである。課題があるということは、現状がうまくいっていないこととも言える。社長にばれ、責任を追及されたら大変だ。できるだけ都合の悪いことはごまかしてしまおう」

9.5 従業員の本音

9.5.1 従業員の不安

従業員も人間ですから部門長と同様です。積極的に取り組む人も多いと思いますが、第2章でも述べた通り、次のような不安を抱える人もたくさんいます。企業風土により、前向きな人が多い企業と少ない企業があります。

システム化への不信

「なぜシステムを変更するのか。コンサルティング会社から吹き込まれたのか。また、いつものように騒いで、いつの間にかうやむやになってしまうだろう。慣れ親しんだ仕事を変えたくない。しかも、うまくいっている。なぜ変えなきゃならないのか」

システム化への不安

「システム化による新しい業務を身に付けられないかもしれない。もしかすると、私の仕事がなくなるかもしれない。最悪の場合、リストラされるかもしれない」

システムの改善とは現状を変えるということです。不確定要素が多く、従業員にとって不安やストレスとなります。さらに、自分に悪影響を及ぼすかもしれないと思うと、システム化の抵抗勢力になるかもしれません。

システム化は仕事ではない

「今の仕事で手一杯である。ルーティンはきちんとこなしているのに、なぜこれ以上余計な仕事を増やすのか」

システムの改善はシステムプロジェクトにとっては当然の仕事です。しかし、変革を実際に起こす従業員は、引き続き日常業務もこなさなければならないのです。

傍観者

「今までいろいろな改善が行われてきた。でも、ほとんどの改善がうやむやになった。適当に要領良くふるまっていればシステムの改革もそのうち消えるだろう。我が社は基本的に終身雇用・年功序列で、業績もそこそこだ。何も苦労して改善しなくても何とかなるだろう」

既得権を守る

「私の仕事はほとんど誰もできない。だから、会社から頼りにされ給与も高く、わがままも通る。改善で私の仕事が誰でもできるようになったならば大変だ。表立って反対はできないが、何としても私の仕事を変えさせない」

企業風土

企業風土も重大な影響を与えます。企業風土が「革新的か、保守的か」、「本音が通じるか、建前を重視するか」です。保守的で建前が重視される組織では、まさに総論賛成・各論反対で、いつの間にかシステム企画は歪曲されてしまうでしょう。

9.5.2 従業員の不安はわがままか

従業員の意見はよく聞く必要があります。ともかく現場を一番よく知っているからです。机上で考えてもわからないような業務実態も教えてくれます。しかし、従業員の意見には有効なものもたくさんありますが、中にはわがままや自己保身の意見もあります。先に述べたように考える従業員もいるからです。

ビジネスプロセス改善上の障害となるような事項に関する意見を無視すれば、改善に失敗するかもしれません。逆に、従業員のわがままを取り入れてしまうと、改善が不十分なものとなります。

重要なのは、従業員の意見が次のどちらなのかを識別することです。

- **ビジネスプロセス改善上の前提条件であり、十分に配慮すべきことなのか**
- **従業員のわがままや自己保身なのか**

現状調査において従業員にヒアリングし、その内容を評価しましょう。このフェーズは、経営課題や業務改善の方向を検討している段階です。そこで、「ある程度見えているTo-Be」と「従業員の意見」との整合性から判断します。

To-Beを提案するうえで有効な意見や、To-Beを検討するに際して前提条件として配慮しなくてはならない意見もあります。一方で、全体最適やTo-Beの視点から見て明らかに反する意見や、改善を妨げ現状を維持するための意見も混在しています。この見極めが重要です。つまり、改善に有効な意見なのか、改善で配慮しなくてはならない意見なのか、現状維持のための意見なのか、です。

9.5.3 従業員が不安に感じる点

従業員は一般的に次のような点に不安を感じます。これらに関する改善を行う場合は十分に注意してください（**図9.2**）。

図9.2　従業員が抱く不安

新しい業務の仕組みへの納得感

手作業からデジタル処理に変更したがかえって不便になるケースや、システム化に伴う新業務のルールが実態と合わずかえって不便になるようなケースです。

業務の制限への納得感

ビジネスプロセス改善に伴い、通常は管理レベルも高度化されます。管理を徹底するにはルールの厳守が前提となり、システムにも自動制限の機能が追加されます。経営管理のレベルは向上しますが、従業員にとってはさまざまな制限が加えられ、業務が混乱するなどの負担が生じます。

新しい管理事務による作業負担増加への納得感

管理の高度化により、従来は行っていなかった「管理のための新たな業務」が発生します。従業員にとって、現在担当している業務は自分の仕事ですが、管理のための仕事については余計な仕事だと感じられることがあります。つまり、「こんな面倒な仕事を本部からやらされることには納得できない」といったものです。

業績評価転換への納得感

ビジネスモデルやビジネスプロセスの改善は、当然、従業員の行動変化を求めます。それを促進するには、どうしても業績評価の変更が伴います。ビジネススタイルを変えるのに、評価が旧来のものでは混乱するだけです。つまり、単に売上さえ上げれば後はどうでも良い、ではなく、新しいビジネススタイルの営業や行動が求められます。

しかも、一般的に経営管理は企業の発展に伴い高度化します。そのため、管理志向が強化された業績評価になりがちです。何十年にわたり身に付けていたビジネススタイルが、強制的に変えられるかもしれないのです。

9.5.4 担当別の従業員の関心事項

一般的に、事業部門毎に特有の関心事項や考え方があります。実際は企業や業務レベルによって異なりますが、一般的な傾向の例を示しますので参考にしてください。

営業担当者

営業は売ることが大前提です。そのためには、顧客に対する臨機応変な対応が要求されるでしょう。したがって、活動の制限となるルール化やシステム化には抵抗があります。その一方で、商品供給を迅速化する在庫照会や事務処理の自動化には賛成します。

システム化を行うにはルール化や標準化が必要です。営業は、業務が楽になることには賛成しますが、自分の負担が大きくなったり規制が強化されたりすると反対にまわります。

したがって営業には、規制の話ではなく、自動化や豊富な顧客情報が迅速・容易に見られるようになるなどのメリットを十分理解してもらうことが有効でしょう。

製造担当者

製造は、生産計画などを除けば物を作る現場作業が中心となります。そのため、製造作業が楽になるシステム化には賛成します。このシステム化には、製造作業を直接効率化するFA（ファクトリーオートメーション）と、生産作業における計画・手配・指示などをスムーズに行えるようにする生産管理システムがあります。このシステムは原価計算も対象となります。

ところが、特定の管理者を除けば、原価計算は現場の人の関心事ではありません。従業員にしてみれば、物作りが仕事なのであり、原価計算などという余計な仕事を押しつけられてはたまらないとの思いがあるでしょう。

したがって、現場の協力を得るには、生産が楽になることを強調してシステム企画を進めることが必要です。

9.6 視点7：部門長・従業員の本音への対応

【目的】

目的は、部門長や従業員にシステムを正しく理解してもらい、システムの改善に参加・協力してもらうようにすることです。同時にシステムに対する不安や誤解を取り除き、システムの改善が企業を発展させるとともに、従業員にとってもメリットがあることを徹底的に理解してもらうことです。

【システムの改善への理解を得る】

ユーザーの理解や協力が重要なことは、プロジェクトマネジメントに習熟している方はよくおわかりのことと思います。ただ、対象はプロジェクト内だけではなく事業部門も含みます。ケースによっては、経営層も含む企業全体が対象となることもあります。

また、システムは単なるビジネスプロセス改善やシステム企画ではなく、ビジネスプロセス全体の変革まで含むこともあります。したがって、基幹業務そのものを変革することもあり、現場の抵抗を押し切って進めざるを得ないこともあるのです。具体的には、次の事柄について啓蒙することが必須です。

システム企画の目的

従業員に、システム企画の必要性、組織の変化の方向を明確に伝えます。システムが企業の競争力を高め、効率を改善し、顧客体験を向上させることをあらゆる機会を通じて理解してもらいます。

変化への対応

システムは組織の文化や業務プロセスの変革を伴います。従業員は新しいスキルや能力を習得する必要がありますが、その変革により、企業は大きく発展し従業員の将来を明るくします。会社のためだけではなく、従業員のためでもあることを鋭意理解してもらいます。

全社的なチームワーク

システムの成功には、個別の部門最適ではなく、全社最適の視点が必要です。そのため、全社一体となるようなチームワークを組成します。また、構成員には、部門の代表ではなく経営層の視点で企業の改善を行うという意識付けが重要です。

技術の重要性と影響

従業員に、デジタル技術が業務プロセスや業務のやり方にどのように役立つかを説明します。具体的には、説明会や研修会の開催、システムプロジェクトへの参画やコミュニケーションを深めるなどといったものであり、皆さんもすでに経験済みのことでしょう。その内容を少し拡大していってください。

【システム企画プロジェクトへのシンパを増やす】

システム企画において従業員の理解や協力は必須です。ここでアイデアを1つ紹介しますので参考にしてください。

従業員の意見は、現状の業務プロセスやシステムの不具合に関しては適切なことが多いものです。システムの改善でこれらの意見を取り入れた場合は、意見を取り入れたことをできるだけ従業員に説明してください。自分の意見が取り入れられれば、システム企画への参画意欲が増し、システム企画プロジェクトのシンパになるかもしれません。

【企業風土に配慮する】

システム企画に伴う改善がいくら素晴らしいものでも、デジタルだけでは何もできません。システムを運用するのは人間です。人間は感情を持っており、この感情は良くも悪くもシステム化に極めて大きな影響を与えます。熱意があればたいていの困難は克服できます。逆に、意欲に乏しかったり、システム化に敵意を持っていたりすれば、何でもないことでも改善の障害になります。

その人間が集まって企業ができています。人にはさまざまな考え方がありますが、企業にも従業員に共通する考え方や行動パターンがあり、それが企業風土です。企業風土は企業毎に異なります。改善に積極的に取り組む風土もあれば、保守的で改善に消極的な風土もあります。

システム化は業務の改善を伴うものであり、従業員の協力が不可欠です。しかし、時には従業員の反対を押し切っても改善をしなくてはならない場合があります。そのような時に企業風土が問題となります。改善に前向きな企業風土であれば、システムの改善をあるべき姿で進められるでしょう。

しかし、保守的な企業ではそうはいきません。従業員の反対を押し切ってあるべきシステムの改善を行ったとしても、さまざまな抵抗にあいます。場合によってはシステムの改善がつぶされてしまいます。

このような企業では、改善の程度を考える必要があります。経営層がシステム企画プロジェクトを支援し、人事権までも使って支援してもらえるならば、あるべきシステム改善を推進してください。もし、非常に保守的でシステム企画に拒否反応があり、経営層の支援も受けられない企業であれば、企業風土に受け入れられる程度の改善にしてください。

原則として、企業風土を踏まえ、従業員への丁寧な説明やトップの支持を受けて行うことがシステム企画成功の道です（**図9.3**）。

図9.3 システム化改善レベルと企業風土

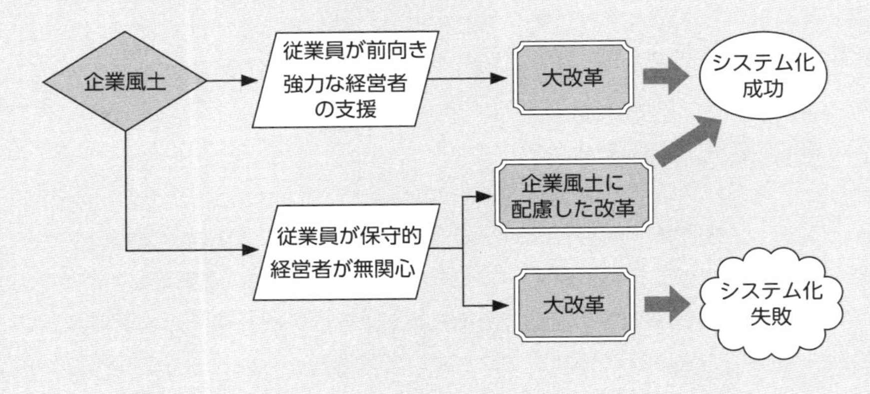

【経営層の支援】

システム企画に対する従業員の理解を得るには、経営層の協力は必須です。説明会での経営層による取り組み宣言や、システム企画プロジェクトへの人選や権限の付与で、経営層の姿勢が従業員に伝わります。おざなりの挨拶や権限を持たないプロジェクト人材を見れば、従業員は一過性の取り組みと見るでしょう。強力なプロジェクト構成やプロジェクトへの強力な権限付与があれば、従業員は本格的な改善と認識するでしょう。

従業員の要求は、現状の担当部門の業務から出発しているため、部門間の調整が必要になることもあります。また、ビジネスプロセス改善には現場の反対が伴うものです。誰でも慣れ親しんだ方法を変えたくありません。単純に楽になるのであれば賛成します。しかし、ビジネスプロセス改善に伴って新しい仕組みやルールが導入され、業務プロセスが難しくて複雑なものとなるのは反対です。総論賛成・各論反対なのです。

このような時こそ経営層の出番です。部門間調整や業務プロセスを大幅に変更する場合は、経営層にシステム企画プロジェクト会議に出席してもらいます。経営層の前では、露骨な部門のエゴは主張できず、比較的正論が通るものです。また、これらの業務プロセスやシステムの機能は、経営層を含めて決定されるため、容易に変更や反対はできません。従業員も公式の会議では、正論は主張できてもわがままは言えないのです。

当然のことながら、これらの結論も責任者が押印した文書として保存しておいてください。後で問題が起きた時に責任の所在が明確となります。

【決定事項の公式化】

システムの改善に伴うシステム開発の各ステップでは、文書でシステム機能等を説明し、従業員の確認を取ります。ところが、従業員は思い付きで意見は言いますが、機能等を検討して賛成したのではありません。そして、システムやビジネスプロセス改善の内容についてはまだよく理解できていません。

さらに、「システム開発は情報システム部門の業務」だと思っています。他人のよくわからない業務に時間をかけようとはしません。そんな業務に時間を割いた結果、本業に影響したら大変だ、ということです。つまり、実質的には検討も承認もしていないのです。

これでは、いつまで経ってもまともなシステム企画はできません。確認すべき時に、責任をもって検討、承認してもらわなくてはなりません。

そのためには、責任を明確にすることです。各部門の責任者・担当者に説明し、協議を行い、機能の承認を得ます。そして、その証拠として機能承認印を押印してもらいます。これは報告書として経営層にも回覧し、経営層の承認も受けます。この承認によって、経営層も認めた公式の決定事項となり、容易にこの内容を否定することはできなくなるでしょう。

このような意味を持つものであれば、責任者は承認に際してそれなりに真剣に検討を行うでしょう。また、後で「知らなかった」「わからなかった」とは言えなくなります。

【できない機能の承認】

筆者の経験ですが、あるシステムを開発した時のことです。システム稼動後に、まったく要請がなかった特殊な機能をある部門長から要求されました。そのような要請は聞いていないと回答すると、部門長は「あなたはプロでしょう。私たちは素人だ。私たちがいちいち言わなくてもわかるのがプロでしょう。あなたはプロではないのか」と言うのです。これほどでなくても、「このような機能は当然だ」「言わなくても組み込んであると思った」といった行き違いはよく発生します。

これを完全に防止することはできませんが、軽減する方法はあります。システムの機能を説明する時に、何ができるかではなく、何ができないかを説明することです。システムではこのような業務機能は対象としていない、このようなことはできないと説明するのです。そして、それらの条件を記載した文書にも承認印を押印してもらうのです。従業員は、システムがわからないと同時に、何ができないかもわかりません。具体的に言われなくてはわからないのです。システムが稼動し、そのシステムで仕事をしてみるまで機能不足に気が付かないのです。

9.7 演習

皆さんの会社、あるいは皆さんがよく知っている会社の企業風土（部門長・従業員）について分析してください。皆さんの立場によっては話す機会が少ない、あるいは情報が得られにくいかもしれません。わかる範囲に推測を加えて分析してください（**表9.1**）。

また、今後も機会があれば部門長・従業員の本音の分析を行ってください。やがて、あなた独自の分析法や企業風土の本音を見抜く力が身に付いてくるでしょう。部門長・従業員の公式の発言と本音が異なるのはよくあることです。

表9.1 企業風土の分析シート（例）

企業風土	分析結果
改善に協力的か、保守的な風土か	
改善に伴う負担増を受け入れるか、反発する風土か	
改善に反対はしないが、傍観する風土か	
既得権を守るか、全社のために協力する風土か	
派閥はあるか	

Column 業務は1社がわかれば後はほぼ同じ

業種・業務のマトリクス

ベテランシステムエンジニアは、得意・不得意はあるとしても、どんな業種でもシステム企画ができます。筆者も、システムコンサルタントになりたての頃に著名なシステムコンサルタントから「業種や企業によって用語は違うが、やることは同じだ」と言われ、実に驚かされました。担当している企業でもなかなか全体像やシステム企画のポイントが掴めません。それなのに、どんな企業でもうまくできると言うのです。

ところで、主要業種にはどのようなものがあるでしょうか。「製造業」「建設業」「卸売業」「小売業」「サービス業」に分けられるでしょう。さらにサービス業には、「医療業」「宿泊業」「飲食業」「運輸業」「教育業」「金融業」「不動産業」「官公庁等」などさまざまな業態があります。

では業務はどうでしょうか。代表的な業務としては「会計」「人事」「販売」「在庫」「仕入（購買)」「生産（仕入）計画管理」「工程管理」などが挙げられるでしょう。

1つの業種には複数の業務があります。それを考えると、業種や業務の数はきりがないように思われるでしょう。主要業種とそれを構成する基幹業務をマトリクスにしてみました（**表9.2**)。

表9.2　主要業種と基幹業務のマトリクス

	製造業	建設業	卸売業	小売業	サービス業
会計	○	○	○	○	○
人事管理	○	○	○	○	○
販売管理	○	○	○	△	□
在庫管理	○	○	○	○	○
仕入（購買）管理	○	○	○	○	○
生産（仕入）計画管理	△	○	○	○	□
工程管理	○	△	–	–	–

※○：共通、△：ある程度特殊、□：業態により異なる

表9.2を見ると、業種が異なっても業務はかなり重複していることがおわかりだと思います。もちろん詳細に見れば、たとえば小売業の販売は他業種の販売に比して商品の陳列やPOSシステムが異なりますし、製造業の生産（仕入）

計画管理はかなり複雑です。また工程管理においても、製造業の原価計算に対して、建設業では個別工事原価計算となります。

しかし、かなりの要素は共通です。とくに会計や人事は基本的に類似しています。販売も、最終消費者への小売業の直接販売を除けば類似しています。在庫管理や仕入管理もかなり共通です。つまり、業種が異なってもその業種を構成している業務はかなり共通しているということです。

業務は1社がわかれば後はほぼ同じ

本書で解説した7つの視点を、現在または過去にコンサルティング／情報システム開発をした企業や、所属した企業等に当てはめてみてください。とくに、現在担当または所属している企業であれば詳細に適用できるでしょう。そして、実態を見抜き、不足する知識を吸収してください。ただし、あらゆる業種／業務を理解する必要はありません。1社で良いのです。

たとえば卸売業の業務を理解したとします。卸売業の基本的な業務は、「仕入計画」「仕入」「在庫」「販売」「会計」「人事」です。

人事管理は、通常の基幹業務システムと連結していないことが一般的です。したがって人事は切り離せるでしょう。また、会計もほとんどがパッケージソフトを使用するでしょう。そして会計処理は税法等で決められています。会計については、会計システムの機能よりも、販売管理からの売上・売掛データ、仕入管理からの仕入・買掛データ、在庫管理の在庫データの受け取り方がわかれば良いでしょう。

したがって、卸売業を理解するには「仕入計画」「仕入」「在庫」「販売業務」が対象ということになります。

卸売業の「◎」を理解すれば、下記**表9.3**の「○」業務も理解できます。「△」はある程度参考にできる業務です。なお、サービス業にはさまざまな業態があり、その業務もさまざまなものがあります。**表9.3**では、サービス業を「卸売業」「卸売業と類似のサービス業」「卸売業と異なるサービス業」に分けて記載しました。そして、卸売業をあまり参考にできない業務は「×」で表示します。

9

表9.3 類似業務のマトリクス

	製造業	建設業	卸売業	小売業	卸売業に類似のサービス業	卸売業と異なるサービス業
販売管理	○	○	◎	△	△	×
在庫管理	○	○	◎	○	△	×
仕入（購買）管理	○	○	◎	○	△	×
生産（仕入）計画管理	△	△	◎	○	△	×
工程管理	×	×	−	−	−	−

この表を見ると、卸売業以外の5分類の業種では、22業務のうち9業務がほぼ類似、7業務は参考にできるため、合計16業務に対応できることになります。サービス業はさまざまですが、それ以外では小売業のPOSシステム、生産計画の複雑さと卸売業にはない工程管理がわかれば、ほとんどすべての業種を扱えることになります。

このような理由から、ベテランのシステムエンジニアはどんな企業でもシステム企画ができるのでしょう。要するに、1社の業務を理解すれば業種が異なってもかなり応用が利くということです。

本書の視点を1社に当てはめ理解できれば、他の業種でも対応できるようになるということです。まず1社の業務を理解してください。

「卸売業・小売業」の他業種への応用例

皆さんが「卸売業・小売業」を理解したとします。このノウハウを他の業種にも広げられる例を説明します。

レストラン業

小売業は、レストラン業にかなり似ている業種と言えます。小売業とレストラン業の業務の流れを示します。

- **小売業：**
  販売予測 ⇒ 商品仕入 ⇒ 在庫 ⇒ 陳列 ⇒ 販売（接客）
- **レストラン業：**
  販売予測 ⇒ 食材仕入 ⇒ 在庫 ⇒ 調理 ⇒ 販売（接客）

小売業の商品陳列とレストラン業の調理が異なりますが、おおよその業務は類似しています。店舗では陳列が売上に影響しますが、レストラン業では調理と接客がポイントとなります。レストランの役割は、心地良い場を提供するだけではなく、美味しい料理を提供することが重要だからです。料理は調理をする人の腕にかかっているため、ある意味では職人の世界でしょう。

ホテル業

ホテル業の業務の流れを卸売業と比較してみます。

- 卸売業：
  販売予測　⇒　商品仕入　⇒　在庫　⇒　受注　⇒　出荷　⇒　販売（法人営業）
- ホテル業：
  予約受付（受注）　⇒　顧客来館　⇒　客室提供（在庫）＋サービス提供（接客）　⇒　チェックアウト（販売）

これを見ると、「受注と予約受付」「出荷と客室提供＋サービス」「販売とチェックアウト」のように仕事が似ていると思いませんか。卸売業では商品を出荷するのに対して、ホテル業では客室提供＋サービスとなります。

さらに在庫管理が似ているのです。ホテル業にとって重要な課題は空室です。ホテルの建設には莫大な資金が使われ、たくさんの部屋を用意します。ホテルでは、顧客が泊まっても泊まらなくても、建設費はすでに支払い済みです。

ここで、客室を在庫と考えてみましょう。つまり、毎日在庫がゼロになるように予約を取らなければならないということです。そのためには、いかに客を呼び込むか、また宿泊した顧客にいかに満足を与えるかがポイントとなります。

不動産業

不動産業の扱う土地・建物を在庫と考えるとどうでしょうか。不動産業で土地や建物の売買や賃貸を仲介する業務の流れを、卸売業と比較してみます。

- 卸売業：
  販売予測　⇒　商品仕入　⇒　在庫　⇒　受注　⇒　出荷　⇒　販売（法人営業）
- 不動産業：
  地主からの仲介依頼受託（受注）　⇒　土地や建物管理（在庫）　⇒　買主・借主と仲介成約（販売）

これを見ると、「商品仕入と仲介受託」「在庫と土地や建物管理」「販売（法人営業）と仲介成約」が参考になるでしょう。ポイントは土地や建物管理の在庫です。いくら営業が頑張っても、土地や建物管理の在庫がなければ仲介できません。また、在庫が不良在庫だった場合も売れません。品質の良い物件を適正価格で仲介できなくては競争に勝てません。卸売業の在庫管理が多少参考になるでしょう。

運輸業

運輸業の業務の流れを卸売業と比較すると、次のようになります。

- 卸売業：
  販売予測 ⇒ 商品仕入 ⇒ 在庫 ⇒ 受注 ⇒ 出荷 ⇒ 販売（法人営業）
- 運輸業：
  運輸依頼（受注） ⇒ 荷物引取 ⇒ 【顧客倉庫出荷】 ⇒ 荷物輸送⇒販売

卸売業における出荷が倉庫から商品をピッキングし出荷することに対し、運輸業では顧客の倉庫から送り先まで輸送します。運輸業は在庫業務の入口と出口を担いますので、これも在庫管理が多少参考になるでしょう。

運輸業の輸送で要求されるのは、適切な品質管理、決められた期限、適正な価格で運輸を行うということです。業務は違いますが、要求されるポイントはどの業種でも同じです。

おわりに

本書を活用すればあなたは、「ビジネスに強いシステムエンジニア」になれます。ビジネスに強いシステムエンジニアになると、次のようなことができるようになるでしょう。みなさんの活躍を期待しております。

2024年8月　隈正雄

①ユーザーニーズに振り回されない

- ユーザーニーズの瑕疵がわかり、ユーザーニーズに振り回されない。
- ユーザーニーズを適切に取捨選択し、システムに反映できる。

②経営層とのコミュニケーションが変わる

- 経営層の考え方や会社をどのように変えたいかがわかる。
- 経営層の考えを踏まえ、経営用語で、経営層と良好なコミュニケーションが行える。

③全体最適の視点で企業や経営課題が把握できる

- 経営戦略や経営方針を踏まえ、経営層の視点で企業活動全体を見越したシステム企画ができる。

④暗黙知も踏まえた業務実態が把握できる

- 経営層・管理層・担当者に対して、階層別にポイントを絞ってヒアリングができる。
- 有価証券報告書や職務分掌、さらに、業種等の書籍やパッケージソフトの機能等も含めて、事前ヒアリング項目を作成する。

- 事前準備により、ユーザーが言いたいことだけをヒアリングするのではなく、暗黙知を踏まえた必要十分なヒアリングができる。また、あなたが当該企業のビジネスについて専門性を持っていることが印象付けられ、信頼も得られる。

⑤経営課題や業務課題を改善するシステム企画ができる

- ビジネスモデルで組織が何をなすべきか把握する。そのモデルを各部、各課、各係等にブレイクダウンしていく。これにより各業務の目的が全体最適の観点で明確となる。
- この目的を踏まえ、業務改善の7つのポイント等を参考に業務改善を検討する。これにより、部分最適ではなく全体最適（経営戦略や経営課題を踏まえた全社的な視点）での業務改善が企画できる。

⑥経営戦略を支援するシステム企画ができる

- 経営戦略を実現する主要業務課題に分解し、さらに業務課題、詳細課題と分解できる。
- これにより、ビジネスプロセスのどの業務をどのように改善すべきか明確にできる。
- この改善・強化策をシステム機能に組み込むことにより、経営戦略を支援するシステム企画が可能になる。

著者プロフィール

隈 正雄（くま まさお）
筑波技術大学名誉教授、博士（筑波大学）、日本生産管理学会副会長
E-male：kumatsukuba@gmail.com

大学卒業後、現りそな銀行に入行し融資や営業等の業務及びシステム開発業務に従事。現りそな総合研究所では、株式上場を目指す企業等の全社の業務改革や基幹業務システムの企画などのコンサルティング業務に従事。その後、筑波技術大学、淑徳大学で経営情報学の教育に従事するとともに、業務改革やシステム化、最近ではDXの研究に従事。また、筑波技術大学と淑徳大学で学部長に従事。

主要著書

『なぜ、SEはコンサルティングができないか〜生き残りのためのコンサルティングSE養成法』／通産資料調査会（1996年）
『SEよ、本当に役立つシステム提案はこれだ！〜経営者の心をつかむ虎の巻』／通産資料調査会（1997年）
『SEのための戦略的情報化推進法』／通産資料調査会（2000年）
『SEのための「経験則的」要件定義の極意』／技術評論社（2009年）
『ベテランSEのノウハウが最短で身につく！「業務知識」ベースでつくる要件定義入門』／秀和システム（2013年）
その他共著等約10冊

索引

英字

As-Isモデル……80

BABOK……29

SABOK……29
SIS……116

To-Beモデル……106

あ行

営業部門へのヒアリング……72

オーナー……126

か行

会計学……19
会計業務……22

基幹業務……28
企業戦略……112
企業風土……150, 165
競争戦略……99, 113
業務改善……99
業務機能……95, 97
業務実態……75, 96
業務知識……22

経営学……19
経営課題……10, 51, 53, 96
経営管理……23
経営管理論……20
経営コンサルタントの視点……18, 40
経営情報論……20
経営戦略……10, 21, 51, 114
経営戦略論……20
経営層……37, 126, 167
経営層のポリシー……39, 135
経営層の本音……134, 138

工場見学……89
工場部門へのヒアリング……73
コミュニケーション……126

さ行

財務会計論……19
魚の目……95

事業概要……48
システム化の目的……55
システム企画……2
システム企画書……93, 105

従業員……34
従業員の本音……159
資料調査……56, 67
人事管理業務……22
人事管理論……19

スパン・オブ・コントロール……97

生産管理論……19
全社最適……26
全体最適……9
戦略的情報システム……116

組織図……65
組織論……19

た行

対象業務範囲……93

鳥の目……94

は行

ヒアリング……64, 81
ヒアリングシート……76
ビジネスプロセス……25, 106, 110
ビジネスモデル……50

物流センター見学……87
部分最適……9
部門最適……26
部門長の本音……157

簿記……19
本音……13, 134, 157, 159

ま行

マーケティング論……19

虫の目……94

や行

有価証券報告書……57
ユーザーニーズ…12, 33, 149, 151

要件定義……3

ら行

ロジスティクス論……19

カバーデザイン	岡崎善保（株式会社志岐デザイン事務所）
本文デザイン／DTP	株式会社マップス
編集	鷹見成一郎

書籍WebページURL

https://gihyo.jp/book/2024/978-4-297-14492-0

本書記載の情報の修正・訂正・補足については、当該Webページで行います。

■ お問い合わせについて

・本書の内容に関するご質問につきましては、下記の宛先までFAXまたは書面にてお送りいただくか、上記の書籍Webページからお願いいたします。お電話によるご質問、および本書に記載されている内容以外のご質問には、いっさいお答えできません。あらかじめご了承ください。

・ご質問の際には、「書籍名」「該当ページ番号」「お使いのパソコンなどの動作環境」「お名前とご連絡先」を明記してください。

・お送りいただきましたご質問には、できる限り迅速にお答えするよう努力しておりますが、ご質問の内容によってはお答えするまでにお時間をいただくこともございます。回答の期日をご指定いただいても、ご希望にお応えできかねる場合もありますので、あらかじめご了承ください。

・ご質問の際に記載いただいた個人情報は質問の返答以外の目的には使用いたしません。また、質問の返答後は速やかに破棄いたします。

問い合わせ先

〒162-0846
東京都新宿区市谷左内町21-13
株式会社技術評論社　第5編集部

『失敗しない システム企画』係

FAX：03-3513-6173

技術評論社ホームページ
https://book.gihyo.jp/116/

失敗しない システム企画

～「経営コンサルタントの視点」でビジネスを捉える～

2024年10月30日　初版　第1刷発行

著　者　隈正雄
発行者　片岡　巌
発行所　株式会社技術評論社
東京都新宿区市谷左内町21-13
電話　03-3513-6150　販売促進部
03-3513-6177　第5編集部
印刷／製本　港北メディアサービス株式会社

ISBN978-4-297-14492-0 C3055

Printed in Japan